PETER PFISTER

Problemloser Umgang mit Pferden

Impressum

Einbandgestaltung: Kornelia Erlewein
Titelbild: Karin Tillisch

Bilder auf der Umschlagrückseite Gabriele Ortmann

Bildnachweis:
Klaus Kinner: Seite 96; Stefanie Schade: Seite 89, 145–175 außer Seite 151 mitte + unten;
Alle übrigen Fotos stammen von Gabriele Ortmann.

ISBN 978-3-275-01920-5

1. Auflage 2013

Sie finden uns im Internet unter www.mueller-rueschlikon-verlag.de

Lektorat: Claudia König
Innengestaltung: Kerstin Diacont
Druck und Bindung: Appel & Klinger Druck und Medien GmbH, 96277 Schneckenlohe
Printed in Germany

3

Ein Wort zuvor

Es war einmal ...

... ein kleines Mädchen, das wünschte sich nichts sehnlicher
als ein eigenes Pferd. Ob zum Geburtstag, zu Weihnachten
oder zu Ostern – wann immer es gefragt wurde,
was es sich wünsche, antwortete es: »ein Pferd.«

Ein Wort zuvor

Liebe Leserinnen und Leser!

Es war einmal …

… ein kleines Mädchen, das wünschte sich nichts sehnlicher als ein eigenes Pferd. Ob zum Geburtstag, zu Weihnachten oder zu Ostern – wann immer es gefragt wurde, was es sich wünsche, antwortete es: »ein Pferd.«

Das Mädchen bettelte und quengelte so lange, bis sein Wunsch erfüllt wurde und der Vater ihm zum Geburtstag ein wunderschönes Pferd schenkte.

Als das kleine Mädchen das Pferd sah, begann es bitterlich zu weinen. Der Vater fragte erschrocken, warum es denn so weine. Da antwortete das kleine Mädchen jämmerlich: »Das ist gar kein richtiges Pferd, das ist ja nur aus Holz.«

»Nun, woraus sonst soll denn Dein Pferd bestehen?«, wollte der Vater wissen. Worauf das Mädchen antwortete: »Ich möchte ein Pferd aus Pferd.«

Mir ging es nicht anders als dem kleinen Mädchen. Schon als Kind war es mein sehnlichster Wunsch, ein Pferd zu besitzen. Die ersten Erfahrungen mit Pferden konnte ich als Teenager sammeln. Das erste eigene Pferd bekam ich schließlich als junger Erwachsener.

Seitdem sind viele Jahre vergangen. Als Kind durfte ich nur von einem Leben mit Pferden träumen. Heute lebe ich diesen Traum.

Dieses Leben mit Pferden ist eine unendliche Geschichte. Eine Reise, bei der man nie ankommt. Aber sie ist faszinierend, spannend und aufregend zugleich. Nur wer bei dieser Reise in Bewegung bleibt, kommt weiter. Viele Jahre suchte ich nach dem Schlüssel zu den Pferden. Inzwischen meine

ich, ihn gefunden zu haben. Dennoch stoße ich immer wieder auf neue Herausforderungen, denn jedes Pferd ist anders. Daher rührt eine meiner wichtigsten Erkenntnisse im Umgang mit den Tieren – nämlich, dass ein Pferd tatsächlich »aus Pferd« ist. Wenn wir erfolgreich mit ihnen umgehen wollen, müssen wir diese Erkenntnis jeden Tag neu umsetzen.

Das gilt für viele andere Dinge auch. Der berühmte Automobilkonstrukteur Henry Ford wurde mal nach dem Geheimnis seines Erfolges gefragt. Seine Antwort war ganz einfach: »Das Geheimnis des Erfolges ist, den Standpunkt des anderen zu verstehen.«

Für uns Pferdemenschen bedeutet das: Wenn wir erfolgreich mit Pferden umgehen wollen, müssen wir lernen, sie als Pferde zu verstehen. Dazu muss man sich immer wieder daran erinnern, dass sie Herdentiere sind und in einer Rangordnung leben. Dass sie Fluchttiere sind, weshalb sie ein hohes Sicherheitsbedürfnis haben. Und dass sie Steppentiere mit einem überaus großen Bewegungsbedarf sind.

Früher waren es überwiegend Soldaten, Bauern, Fuhrleute und einige Reiche, die mit Pferden umgingen oder auf ihnen ritten. Damals dienten die Pferde vor allem als Arbeitstiere oder Kriegsmaterial. Heute teilen viele Menschen die Leidenschaft zum Pferd mit mir. Reiten ist zum Breitensport geworden. Das ist gut so, denn es sichert den Fortbestand dieser liebenswerten Wesen in unserer hochtechnisierten und längst nicht mehr auf das Pferd angewiesenen Zeit.

Freilich ist vieles an Wissen verloren gegangen. Nicht wenige Leute sind überfordert mit ihrem Pferd, fehlt ihnen doch der ganz selbstverständliche Umgang mit ihrem Vierbeiner.

Fast mein ganzes Leben arbeite ich nun mit Pferden. Viele habe ich angeritten oder korrigiert, zahlreiche Kurse für Besitzer und Reiter gehalten und sie unterrichtet. Dabei wurde ich mit so manchen kniffligen Problemen konfrontiert. Davon handeln auch viele Briefe von Menschen, die mir von Problemen mit ihren Pferden berichten und mich um Rat fragen.

Viele dieser Anfragen, Erlebnisse mit eigenen oder Berittpferden, aber auch Begebenheiten aus meinen Kursen habe ich in diesem Buch beschrieben und Lösungen aufgezeigt. Ich habe versucht zu erklären, warum Pferde in bestimmten Situationen mal so und mal ganz anders reagieren, und was wir dagegen tun können. Wenn ich dabei von Tipps oder Tricks spreche, geht es nicht um vordergründige Effekte. Trickreiter müssen zum Beispiel viele Jahre hart trainieren, bis ihre Vorführung auf den Punkt genau gelingt. Ein Tipp ist nichts anderes als ein kurzgefasster Rat, ein Trick nichts anderes als das Konzentrat von manchmal mühevoller, auf jeden Fall intensiver Arbeit eines Profis.

Die Grundlage jeder Problemanalyse sind die vier Säulen zur erfolgreichen Pferdeausbildung, die ich ausführlich in meinem Buch »Ranch-Reiten – eine alte Reitweise neu entdeckt« beschrieben habe. Denjenigen Lesern, die sich mit diesen vier Säulen noch nicht beschäftigt haben, biete ich hier eine kurze Zusammenfassung. Detaillierte Erklärungen finden Sie in den einzelnen Kapiteln in Verbindung mit den Fallbeispielen. Bei allen Lösungsvorschlägen orientiere ich mich stets an der Natur des Pferdes – sie sollte immer der wichtigste Maßstab sein.

Das AVSK-Ausbildungs-konzept

A für Autorität
V für Vertrauen
S für System
K für Konsequenz

Das AVSK-Ausbildungskonzept

Die vier Säulen

A steht für Autorität.

Das Pferd ist ein Herdentier, als solches lebt es in einer hierarchischen Struktur. Hier lauten die Fragen: Wer leitet? Wer wird geleitet? Nur dem, der eine gute Leitungskompetenz hat, ordnet sich ein Pferd unter.

Ist das Problem das Ergebnis einer nicht geklärten Leitungsfrage?

Denn: Wer nicht leitet, der leidet!

V steht für Vertrauen.

Das Pferd als Fluchttier geht freiwillig kein Risiko ein. Will der Mensch, dass das Pferd ihm auch in gefährlichen Situationen folgt, muss er diesem Sicherheit und Orientierung bieten.

Ist das Problem das Ergebnis einer nicht geklärten Vertrauensfrage?

Denn: Vertrauen ist akzeptierte Abhängigkeit!

Wer führt wen, ist hier die Frage. Die Höhe der Schulter und dahinter ist die Position, die das rangniedere Pferd zum Menschen einnehmen darf. Begibt sich der Mensch freiwillig in diese Position, überträgt er dem Pferd die Leitung und darf sich nicht wundern, wenn er von diesem durch die Gegend gezogen wird. Denn: wer leitet, entscheidet – auch darüber, wo man miteinander hingeht.

Vertrauen und Losgelassenheit. Eine solche Harmonie lässt sich erreichen, wenn die Verhältnisse geklärt sind. Das Fluchttier Pferd legt sich nur hin, wenn es sich in absoluter Sicherheit weiß. Tut es das dann auch noch in Anwesenheit seines »Erzfeindes«, dem Wolf, muss das Vertrauen zu seinem Chef besonders groß sein. Die Basis für Vertrauen ist Respekt. Wer vertraut, macht sich freiwillig von einem anderen abhängig, um von dessen positiver Stärke zu profitieren.

Der Spanier Novarro wurde in eine riesige blaue Plane eingehüllt. Nun wird die Plane auch noch vom Wind aufgebauscht. Ganz wohl scheint es dem Pferd dabei noch nicht zu sein ... Seine Ohren sind deutlich zur Seite und nach hinten gerichtet. Zum einen verrät das eine Orientierung nach hinten zu dem ungewöhnlichen Gebilde auf seinem Rücken. Zum anderen ist diese Ohrstellung aber auch ein Zeichen für Akzeptanz und Unterordnung unter seinen Ausbilder, ohne welches Vertrauen nicht möglich ist.

Das ist eine Möglichkeit wie das Pferd lernt. Die systematische Anwendung von Reiz – Reaktion – Timing. Ein Reiz soll eine Reaktion beim Pferd auslösen. Hier ist es ein Kontaktreiz, ausgelöst durch den Druck von zwei Fingern auf das Nasenbein des Pferdes. Dieser Druck soll das Pferd zum Rückwärtstreten auffordern. Tritt die erwünschte Reaktion ein, ist der Reiz sofort wegzunehmen. Dann erhält das Pferd eine Pause und eine körperliche Zuwendung in Form von Streicheleinheiten. Timing heißt: im richtigen Moment das Richtige zu tun. Und gerade das ist das Richtige in dieser Phase, um dem Pferd ein positives Feedback und eine Bestätigung für richtiges Verhalten zu geben. So kann es lernen.

S steht für System.

Wir Menschen haben eine Menge Ideen, was das Pferd lernen soll. Aber wie mache ich ihm klar, was ich gerade von ihm möchte? Wie sag ich's meinem Pferd?

Beruht das Problem auf einer Verständigungsfrage?

Denn: Dein Pferd lernt immer, entweder das Richtige oder das Falsche, es lernt nie nichts.

K steht für Konsequenz

Dem Pferd kann ich nichts verbal erklären, ich muss es Erfahrungen machen lassen. Positive Erfahrungen dort, wo es das tut, was ich möchte. Negative dort, wo es das tut, was ich nicht möchte. Nur in der konsequenten Anwendung von »ja« und »nein« lernt es verlässlich, die Dinge umzusetzen.

Ist das Problem ein Ergebnis von nicht gelebter Konsequenz?

Denn: Konsequenz ist das Mittel zum wirklichen Erfolg.

Die Druckpunktanwendung am Nasenbein des Painthorse-wallachs Indio löst ein deutliches Rückwärtstreten bei diesem aus. Hier erfolgt auf den Reiz die Reaktion.

Auf die richtige Reaktion folgt das Timing. Der Druck ist weggenommen, Indio erhält seine Streicheleinheit und eine Pause, die ihm Komfortzeit, aber auch Zeit gibt, das eben Erlebte zu »verdauen« und zu speichern. Nur wenn wir dem Pferd Zeit lassen zum Lernen, wird es die Dinge dauerhaft und verlässlich in sich aufnehmen. Dazu ist es nötig, die Kunst der kleinen Schritte zu lernen.

Meine Arbeitsutensilien

Oben: Das Knotenhalfter mit dem fast vier Meter langen, dicken Arbeitsseil ist ein sinnvolles Handwerkzeug. Mit ihm ist es möglich, ein Pferd im Bedarfsfall gut kontrollieren zu können. Egal, ob sich ein Pferd losreißen möchte, weil es sich gerade erschreckt hat, oder weil es sich mit mir anlegen will. Wann immer es damit Erfolg hat, wird es lernen, dass es sich losreißen kann. Ein Pferd lernt das, womit es Erfolg hat. Unpassende Hilfsmittel tragen das ihre dazu bei.

Mitte: Eine simple Plastikeinkaufstüte, die so genannte »Wundertüte«. Sie ist am vorderen Teil eines Stockes befestigt. Wedel ich mit dieser heftig hin und her, kann ich ein aufsässiges oder distanzloses Pferd ganz schön beeindrucken. Mit ihr kann ich auch hartnäckige Gesellen auf Distanz schicken.

Unten: Der Kontaktstock, ein 120 cm langer Glasfiberstab mit einer etwas dickeren, ca. zwei Meter langen Schnur daran. Der Stock dient als Verlängerung meines Armes, das Seil daran stellt die abgespeckte Version des Arbeitsseilendes dar. Dieser Stock wird nicht gehandhabt wie eine Peitsche, sondern es werden mit ihm Schlagimpulse auf den Boden oder Rotationsimpulse in Richtung Pferdekörper gegeben. Nur in seltenen Fällen wird er direkt am Pferdekörper durch eine Berührung zum Einsatz gebracht.

Das Knotenhalfter

Die Wundertüte

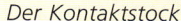

Der Kontaktstock

Häufig auftretende Probleme im täglichen Umgang mit Pferden und Lösungen, um sie zu beheben

Troll lässt sich auf der Weide nicht einfangen

1. Troll lässt sich auf der Weide nicht einfangen

Problemvorstellung

Der Tag ist noch jung. Unten im Tal liegt der Morgennebel – er gleicht einem Milchsee. Noch ist die Sonne nicht zu sehen, aber sie kündigt sich bereits an. Die Berggipfel sind schon von ihrem strahlenden Schein erhellt, gleich wird sie sich hinter ihnen hervorschieben, um einen neuen, wunderbaren Tag einzuläuten. Die Vögel erwachen langsam aus ihrem Schlaf, hier und da ist ein erstes zaghaftes Lied zu hören.

Da ertönt ein schriller Pfiff. Wo zuvor noch andächtige Stille herrschte, ist ein leichtes Dröhnen zu vernehmen. Rasch wird es deutlicher, es bewegt sich auf mich zu. Da ist er – um den unteren Rand des kleinen Wäldchens biegt er ab, korrigiert seinen Lauf, gleich ist er da. Es scheint, als wolle er mich umrennen. Im letzten Augenblick stoppt er. Groß, schwarz, anmutig steht er vor mir. Mit seinen großen, sanft blickenden Augen schaut er mich fast liebevoll an. Sein Körper ist aufgerichtet, seine Nüstern sind weit gebläht. Mit einem leisen, aus seiner Tiefe kommenden, wohligen Brummeln begrüßt er mich, als wollte er sagen: »Endlich bist du da, lange habe ich gewartet.«

»Rrrrrrrrrrrr« – schrill ertönt die Glocke meines Weckers, erschreckt fahre ich auf. Es war nur ein Traum – zugegeben ein wunderbarer Traum. Aber die Wirklichkeit sieht anders aus. Der herrliche Schwarze ist ein pummeliges Norweger-Pony. Und von wegen begeistert auf mich zu stürmen, wenn ich pfeife – kaum, dass es mich sieht, trollt es sich davon. Komme ich mit dem Halfter auf die Weide, kann das sonst so gemütliche Pony zu einem rasenden »Turbodiesel« werden, das sich unter kei-

nen Umständen einfangen lassen möchte. Denn Stallhalfter heißt für das Pony Arbeit und Arbeit ist nicht seine Welt. Jedes Mal ärgere ich mich schwarz über dieses Tier. Und wenn ich so richtig am Boden zerstört bin, habe ich den Eindruck, dass es mich aus der Entfernung triumphierend mit seinen kleinen, listig blickenden Augen anschaut.

Das Pony heißt Troll und sein Besitzer ist Manfred. Manfred ist am Ende, er hatte sich die Beziehung zu seinem Pony ganz anders vorgestellt. Er wollte mit ihm die Natur erleben, mit seinem Troll gemütlich durchs Gelände streifen. Aber Troll hat scheinbar eine andere Vorstellung vom Leben.

Was kann Manfred tun, damit er von Troll akzeptiert wird? Wie kann er erreichen, dass Troll sich ihm gerne anschließt, sich vielleicht sogar von ihm herbeirufen lässt?

Lösungsvorschlag

Offensichtlich nimmt Troll Manfred nicht ernst. Er möchte sich nicht auf ihn einlassen und hat keine Lust, sich ihm anzuschließen. Natürlich könnte es auch sein, dass Troll mit Manfred oder einem anderen Menschen negative Erfahrungen gemacht hat und sich deswegen verweigert.

Welcher der beiden Gründe auch zutreffen mag, es liegt auf jeden Fall ein Leitungsproblem und damit verbunden auch ein Vertrauensproblem vor. Wenn Troll keinen Respekt vor Manfred hat, ihn nicht ernst nimmt und mit ihm »Spielchen« macht, erkennt er dessen Leitungsanspruch nicht an. Jemand, den man nicht achtet, dem möchte man

15

sich auch nicht anschließen. Und ohne Respekt gibt es kein Vertrauen.

Ist Troll verunsichert oder gar verängstigt und möchte sich nicht auf den Menschen einlassen, weil er viele negative Erfahrungen gemacht hat, dann ist es wichtig, ihm wieder Vertrauen zu geben. Troll muss lernen, dass er sich zwar dem Menschen unterordnen muss, dass dieser aber ein gutes »Leittier« ist, auf welches er sich vertrauensvoll einlassen und von dessen positiver Stärke er profitieren kann.

Wenn der Grund von Trolls Verhalten schlechte Erfahrungen mit Menschen und dadurch bedingt ein tiefes Misstrauen gegenüber diesen ist, kann das nur durch neue, positive Erfahrungen geändert werden.

Vertrauen muss ich mir verdienen,
ich erhalte es nur durch Leitungskompetenz.

Um Leitungskompetenz zu erarbeiten, bieten sich eine Vielzahl an Bodenarbeitsübungen an. Durch jede gut erarbeitete Lektion, wird mich mein Pferd mehr respektieren. Ich erhalte von ihm einen weiteren Punkt auf seinem Vertrauenskonto. Das Pferd erhält Sicherheit im Umgang mit mir. Es lernt, sich auf mich einzulassen und es lernt, dass es Regeln im Zusammensein mit dem Menschen gibt. Regeln, die ihm einerseits Grenzen setzen, andererseits aber auch Sicherheit und Orientierung geben.

Um das spezielle »Weideproblem« von Manfred anzupacken, würde ich in diesem Fall ein zusätzliches Training mit Hilfe eines Futterreizes durchführen.
Ich bin nicht grundsätzlich dafür, Lektionen alleine auf der Basis von Futtergabe aufzubauen. Oft sind

Sicher ist sicher!

Ein fundamentales Bedürfnis der Pferde ist das Bedürfnis nach Sicherheit. Schließlich sind Pferde Flucht- und Beutetiere und stehen, wenn wir uns am Ursprung orientieren, immer in der Gefahr, verspeist zu werden. Je stärker aber das Leittier einer Herde in seiner Leitungskompetenz ist, umso größer ist die Chance des einzelnen Herdenmitgliedes zum Überleben. Nur an einem Stärkeren möchte man sich orientieren. Wir sprechen hier über eine Form von Stärke, die nichts mit Muskelkraft zu tun hat.

diese Ausbildungswege Kompromisse oder Arrangements, die im Konfliktfall nicht greifen. In manchen Fällen aber können sie sehr hilfreich sein und sehr wohl zu einem Ziel führen.

Trainingslektion mit der Futterschüssel

Ich gebe etwas Futter in einen Eimer, am besten etwas härteres, damit ein deutliches Geräusch beim Schütteln des Eimers entsteht. Ich stelle mich mit ein wenig Abstand vor mein Pferd und rappele mit dem Futtereimer. Gleichzeitig rufe ich das Pferd. Diesen Lockruf kann ich nach Belieben wählen. Es kann der Name des Pferdes sein, ein lang gezogenes »Kooomm« oder »Hiiiiier« oder vielleicht sogar ein Pfiff. Wichtig ist, dass es immer das gleiche Signal ist. Dann lasse ich mein Pferd ein wenig aus dem Eimer fressen, zusätzlich werde ich es noch mit meiner Stimme loben und ihm das Fell kraulen. Nach einigen Wiederholungen dieser Prozedur werde ich den Abstand zum Pferd vergrößern. Da dieses im Vorfeld positive Erfahrungen gemacht hat, liegt es nahe, dass es auch jetzt auf mich zukommen wird. Dabei ist es ganz wichtig,

Hat ein Pferd bisher nur schlechte Erfahrungen mit einem Menschen gemacht, möchte es sich nicht gerne auf diesen einlassen. Es versucht eher, sich diesem zu entziehen. Hier ist Vertrauensarbeit nötig, dabei kann zunächst einmal ein gezieltes Anfüttern hilfreich sein. Mit Futtereimer und den Leckereien darin wird das Pferd angelockt. Dabei kann ich einen Lockruf verwenden und das Pferd für die Zukunft immer in Verbindung mit diesem anlocken. Später genügt dann oft alleine der Lockruf, um das Pferd herbeizurufen.

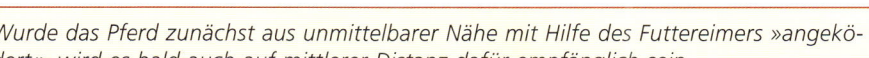

Wurde das Pferd zunächst aus unmittelbarer Nähe mit Hilfe des Futtereimers »angeködert«, wird es bald auch auf mittlerer Distanz dafür empfänglich sein.

Mit der Zeit kann auch das möglich werden: Das Pferd kommt auf Zuruf, zwar immer noch in Verbindung mit dem Futterreiz, im vollen Galopp auf seinen Menschen zugerannt. Diese Maßnahmen können zunächst einmal dazu dienen, ein erstes Vertrauensverhältnis zwischen Mensch und Pferd aufzubauen, sie machen aber nicht eine gutes und naturorientiertes Horsemanshiptraining unnötig.

das Pferd immer in Verbindung mit dem Futterreiz auch zu rufen. Nur wenn das Pferd verstanden/verknüpft hat, dass Futter und Lob auf ihn wartet, wenn es auf Zuruf kommt, wird es lernen, sich mit der Zeit auch ohne Futter und alleine über den Signalton rufen zu lassen.

Im weiteren Verlauf dieses Trainings werde ich die Distanz zum Pferd immer mehr vergrößern. Schon bald wird es gelernt haben, auf die entsprechenden Signale hin zu mir zu kommen, wenn es verfressen genug ist, vielleicht sogar im Galopp. Denn wie heißt es im Volksmund: »Liebe geht durch den Magen« oder »Mit Speck fängt man Mäuse«. In diesem Falle finde ich das absolut legitim und angebracht, ist das Ergebnis doch für alle Beteiligten positiv. Mit der Zeit wird mein Pferd zusehends auch ohne Futterreiz herbeikommen, wenn ich den Lockruf ertönen lasse.
Wenn Manfred so verfährt, ist die Chance groß, dass sein Traum eines Tages Realität wird.

Sollte der Grund für Trolls Verhalten eine generelle Respektlosigkeit sein, ist eine Korrektur mit Hilfe

von Futter nicht unbedingt der richtige Weg. Auch hier werden die gezeigten Bodenarbeitsübungen eine gute Basis bilden, um von Troll Respekt und Unterordnung zu erhalten.
Egal, ob sich ein Pferd aus Verängstigung, Unsicherheit oder Respektlosigkeit dem Menschen zu entziehen versucht, der erste Ansatz, um diese Probleme in den Griff zu bekommen, sollte immer das Klären der Leitungsfrage sein.

Johann Wolfgang Goethe hat einmal gesagt: »Wer das erste Knopfloch verfehlt, kommt mit dem Zuknöpfen nicht zurande.« Das erste Knopfloch im Umgang mit Pferden heißt: Kläre die Leitungsfrage. Kläre ich diese Frage nicht zu meinen Gunsten, kann alles andere danach nicht zufrieden stellend gelöst werden – die Knopfleiste bleibt schief.

Das Pferd als Herdentier ist hierarchisch geprägt, es lebt in autoritären Strukturen. Das hat die Schöpfung so vorgesehen und wir sollten das akzeptieren. Diese Strukturen haben ihren Sinn, regeln sie doch das Miteinander in einer Herde.

Nicht alle können Chef sein und nicht alle können sich leiten lassen wollen. Gleichberechtigte Partnerschaft gibt es nicht, nicht in einer Pferdeherde und auch nicht in einer Pferde-Mensch-Beziehung. Manchen mag das nicht gefallen, aber so lauten die Naturgesetze.

Wenn der Mensch nicht eindeutig die Leitung in dieser Partnerschaft übernimmt, wird das Pferd versuchen zu leiten. Und wer leitet, entscheidet. Da das Pferd aber andere Vorstellungen vom Leben hat als wir Menschen, werden wir in dieser Konstellation nicht weit miteinander kommen.

Neben den oben erwähnten Bodenarbeitslektionen, die Manfred mehr Respekt und Akzeptanz von Seiten seines Pferdes bringen sollen, ist hier aber noch eine weitere Maßnahme nötig. Wir wissen: Ein Pferd lernt immer das, womit es Erfolg hat. Im Gegenzug lernt es das zu lassen, womit es keinen Erfolg hat. Pferdeausbildung hat demzufolge immer auch etwas mit der Vermittlung von Erfolg oder Misserfolg zu tun. Möchte ich also, dass mein Pferd lernt, dies oder das zu tun, werde ich ihm damit Erfolg geben. Möchte ich, dass es lernt, etwas Unerwünschtes zu lassen, werde ich ihm damit keinen Erfolg geben.

In unserem Fall könnte das so aussehen: Troll will sich nicht einfangen lassen, weil er keine Lust hat, sich auf den Menschen einzulassen. Also wäre die Maßnahme, ihm diese Verweigerung unangenehm zu machen. Dazu benutzen wir eine Vorgehensweise, die wir aus dem Herdenverhalten von wildlebenden Pferden kennen.
Ein Pferd der Herde möchte sich nicht dem Leittier unterordnen. Vielleicht stört es in gravierender Weise den Frieden in der Herde. Dann kann es passieren, dass dieser Störenfried aus der Herdengemeinschaft ausgestoßen wird. Er wird quasi in die Einsamkeit verbannt. Ein allein lebendes Pferd ist in der Natur aber wesentlich mehr gefährdet, einem Raubtier zum Opfer zu fallen. Schließlich kann es nicht 24 Stunden am Tag wachsam sein, irgendwann muss es mal schlafen. Da ist eine Herdengemeinschaft eine sinnvolle Sache, es sind immer Einzelne da, die wachen, während andere ausruhen können. Ausschluss aus der Herde bedeutet dementsprechend Gefahr für das Leben. Mitglied einer Herde zu sein bedeutet hingegen Schutz und Sicherheit.

In der Regel ist es die Leitstute, die die Aufgabe übernimmt, den Störenfried aus der Herde zu vertreiben. Das tut sie sehr nachdrücklich und mit all den ihr zur Verfügung stehenden Mitteln. Schließlich ist die Ruhe und die Ordnung der Herde gefährdet. Der so Sanktionierte hat keine Chance, wieder in die Herde aufgenommen zu werden, es sei denn, er signalisiert klar, dass er in Zukunft die Regeln und die Ordnung der Herde akzeptiert. Dazu sendet er klare körpersprachliche Signale. Als Erstes wird er der Leitstute seine Aufmerksamkeit geben, indem er ihr seinen Blick zuwendet. Er wird Unterordnung signalisieren, indem er seine Ohren seitlich nach hinten stellt. Dann wird er Kopf und Hals senken und schließlich zu kauen beginnen, vielleicht leckt er sich auch die Lippen. Augenblicklich wird die Stute ihre aggressive Haltung aufgeben, sich entspannen und sich von ihm abwenden.
Das ist das Signal dafür, dass der Störenfried in die Herdengemeinschaft zurückkehren darf. Gerne schließt er sich dann der Leitstute an, um ihr zur Herde zu folgen.
Genauso kann man auch mit einem Pferd verfahren, das wie Troll versucht, sich dem Menschen zu

Will sich ein Pferd auf der Weide nicht einfangen lassen, hat der Mensch meist die schlechteren Karten, denn das Pferd bewegt sich nun einmal auf vier Beinen und ist wesentlich schneller. Hier hilft nur ein Herangehen mit System.

Da der Mensch sich im freien Lauf mit dem Pferd nicht messen kann, muss er ein anderes Mittel finden, um dieses unter Kontrolle zu bekommen. Eine Methode ist, dem Pferd einfach den Weg abzuschneiden. Der Zaun verhindert ein Ausbrechen nach außen. Also bleibt dem Pferd nur das Ausweichen in die Gegenrichtung.

Immer wieder wird das Pferd in seinen Fluchtversuchen durch das Abschneiden seines Weges unterbrochen. Erreiche ich dabei, dass ich es durch ein geschicktes Manöver in eine Ecke treiben kann, ist das ein großer Vorteil.

Hier wurde das Pferd erfolgreich in der Ecke der Koppel »gestellt«. Unsicher hält es inne, um die Lage zu sondieren.

Wieder versucht sich das Pferd durch eine rasante Richtungsänderung, dem »Zugriff« zu entziehen. Deutlich sieht man, wie es vorne kleiner wird.

Jetzt ist es nach links »abgetaucht« und will sich durch Flucht in die Gegenrichtung erneut dem Menschen entziehen.

Nach längerem Hin und Her und ständigem Wegabschneiden ist es gelungen, das Pferd tatsächlich so in der Ecke zu fixieren, dass es keine Fluchtmöglichkeit mehr hat. In die Ecke getrieben, beginnt das Pferd nun, sich für den Menschen zu interessieren. Hier sieht man deutlich, wie es diesem seinen Kopf zudreht und ihn anschaut. Auch die Ohren verraten eine deutliche Hinwendung zum Menschen.

Das Pferd ist nun bereit, die freundliche Einladung des Menschen anzunehmen und beginnt, sich langsam zu diesem umzudrehen.

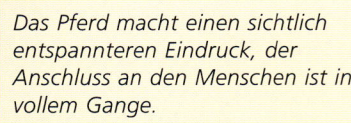

Das Pferd macht einen sichtlich entspannteren Eindruck, der Anschluss an den Menschen ist in vollem Gange.

Gerne schließt sich das Pferd jetzt seinem Menschen an. Schön zu sehen, wie Kopf und Hals deutlich tiefer getragen werden, die seitlich gestellten Ohren verraten dabei Akzeptanz und die Bereitschaft, sich unterzuordnen.

Ein harmonisches Bild. Sichtlich zufrieden und in völlig entspannter Körperhaltung hat das Pferd sich dem Menschen angeschlossen.

entziehen und »Spielchen« mit diesem zu machen. Möchte das Pferd sich mir nicht anschließen und rennt weg, wenn ich es von der Weide holen will, werde ich es dadurch sanktionieren, dass ich es nun erst recht wegjage. Durch starkes Treiben, verbunden mit häufigem Wegabschneiden und aggressiven Richtungswechseln versuche ich, diesem das Weglaufen unangenehm zu machen. Gelingt es mir, das Pferd in eine Ecke zu treiben und es durch schnelles Wegabschneiden so zu kontrollieren, dass es weder links noch rechts aus-

weichen kann, habe ich den Vorteil auf meiner Seite. Nach einigen erfolglosen Ausbruchsversuchen wird das Pferd nun verunsichert in der Ecke stehen bleiben, den Kopf von mir weg-, den Hintern zu mir hingedreht. Sofort nehme ich den Druck vom Pferd weg, entspanne im Körper und warte. Mit ziemlicher Sicherheit passiert nach einigen Augenblicken Folgendes: Das Pferd wendet seinen Kopf zu mir hin und schaut mich erstaunt an als wollte es sagen: »Oh, da ist ja jemand.« Es beginnt, mich ernst zu nehmen. Dabei senkt es meist ein wenig den Kopf, stellt die Ohren und manchmal beginnt es zu kauen.

Nun biete ich dem Pferd an, sich mir anzuschließen. Dabei senke ich meinen Blick, drehe ihm meine Köperseite zu und strecke meine Hand einladend in seine Richtung aus. Langsam ziehe ich mich zurück. Manche Pferde nehmen diese Einladung gerne an und folgen mir dann auf dem Fuß. Andere trauen sich nicht und bleiben verunsichert in ihrer Ecke stehen. Diese versuche ich nun durch Annäherung und Rückzug zu ermutigen, den Anschluss zu wagen. Langsam gehe ich, meine Hand ausgestreckt, ein weiteres Stück auf sie zu, bleibe kurz stehen und ziehe mich ebenso langsam wieder zurück. Kommt meine Einladung nicht an, wiederhole ich sie, werde aber dieses Mal näher an das Pferd herangehen. Es ist immer das innere Auge des Pferdes, das ich ansteuere. Ist ein Pferd ganz »schüchtern«, kann es nötig sein, es an Ort und Stelle abzuholen. Hat sich ein Pferd mir angeschlossen, werde ich nach zwei oder drei Schritten stehen bleiben und es mit tiefer, ruhiger Stimme loben. Gleichzeitig werde ich es an Hals oder Kopf streicheln und ihm ein wenig das Fell kraulen. Ich lege vorsichtig das Halfter an, werde noch ein wenig stehend verweilen, um es dann an seinen Platz zu führen. Hatte ich dem Pferd im Vorfeld das Weglaufen unangenehm gemacht, mache ich ihm jetzt »Das-sich-Anschließen« durch viel Zuwendung angenehm.

Zeigt mir ein Pferd allerdings durch Ignoranz, dass es sich mir nicht anschließen will, werde ich den gesamten Sanktionierungsvorgang wiederholen und sofort beginnen, es wieder zu treiben. Das kann sich bei besonders Hartnäckigen einige Male wiederholen.

Steht mein Pferd auf einer größeren Weide, hat dieses allerdings die besseren Karten. Da es schneller und wendiger ist als ich, komme ich hier leicht ins Hintertreffen. Dann ist es sinnvoll, entweder die Weide abzuzäunen oder ein kleineres Grundstück zu wählen, auf welchem ich tatsächlich auch die Möglichkeit habe, das Pferd entsprechend zu kontrollieren. Bei Extremfällen bietet sich natürlich ein fester Roundpen an. In diesem habe ich immer die bessere Position, weil ich von der Mitte aus agieren kann. Ich kann dem Pferd jederzeit ohne große Anstrengung den Weg abschneiden, es effektiv treiben und beeinflussen, es kann mir nicht »entkommen«. Habe ich das Thema auf kleinem Raum geklärt, kann ich beginnen, den Rahmen wieder zu erweitern. Bald wird das Pferd lernen, dass der Mensch die besseren Argumente hat. Und da Pferde in der Regel Komfort mögen, entscheiden sie sich bald für den komfortableren Weg und schließen sich an. Das Pferd hat gelernt, dass ihm Weglaufen keinen Nutzen bringt.

Sollte Troll also vor Manfred davonlaufen, weil er diesen nicht respektiert, wäre das der richtige Weg um das Problem in den Griff zu bekommen.

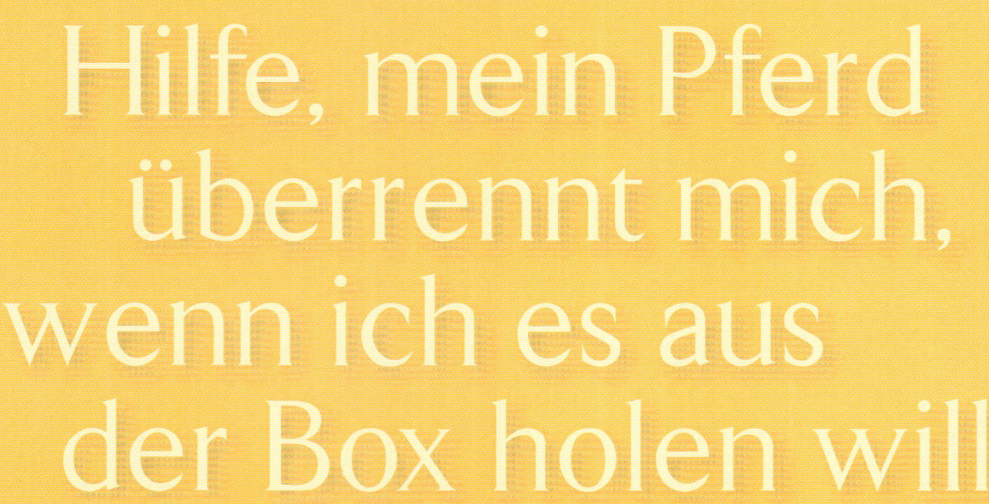

Hilfe, mein Pferd überrennt mich, wenn ich es aus der Box holen will

2. Hilfe, mein Pferd überrennt mich, wenn ich es aus der Box holen will

Leider ist es in weiten Bereichen des Reitsportes auch heute noch üblich, Pferde ausschließlich in Boxen mit gelegentlichem Weidegang zu halten. Das ist zum einen sehr bequem für den Reiter, ist sein Pferd doch stets verfügbar. Zum anderen auch praktisch, denn es ist in der Regel sauber und entwickelt kein solch langes Winterfell, wie Pferde, die in Offenställen gehalten werden.
Ob diese Haltung jedoch dem Pferd gefällt, ist eine andere Frage.

Pferde sind Herdentiere und brauchen den Sozialkontakt zu Artgenossen. Als Steppen- und Lauftiere benötigen sie regelmäßige Bewegung. Und als Fluchttiere eine freie Sicht.

Alle diese Grundbedürfnisse werden dem Pferd bei dieser Haltungsform vorenthalten. Meist sind es gerade hochblütige Sportpferde mit viel Bewegungsdrang, die so gehalten werden.

Spricht man Pferdebesitzer auf dieses Problem an, erhält man mitunter folgende Erklärungen: »Mein Pferd könnte sich im freien Lauf und beim Toben verletzen oder gar von Weidekameraden verletzt werden.« »Es könnte durch die Zäune gehen, weil es diese nicht kennt.« »Mein Sportpferd ist viel zu teuer, um es rauszulassen. Das Risiko einer Verletzung möchte ich nicht eingehen.« Oder: »Mein Pferd ist ein Dressurpferd, lasse ich es auf die Weide, verliert es seine Gänge.« Was auch immer damit gemeint ist ...
Das erstaunlichste Argument, das ich zum Thema Boxenhaltung je erhalten habe, kam von einer renommierten Pferdeausbilderin. Auf die Anfrage, warum ihr Hengst denn in solch einer kleiner Box steht, antwortete sie: »Hengste brauchen nicht so viel Platz, sie ruhen in sich selbst.« Dazu fiel mir nichts mehr ein ...

Es kommt immer wieder vor, dass Pferde, wenn sie aus der Box geholt werden, so ungestüm sind, dass sie den Menschen einfach umrennen. Das ist eine üble Geschichte, ist die Verletzungsgefahr für den Menschen – letztlich aber auch für das Pferd – doch erheblich. Das Pferd gerät dabei leicht außer Kontrolle und das Ganze kann in einem echten Disaster enden. Es rast unkontrolliert durch die Stallgasse, stößt dabei eine Mistkarre um, verletzt sich an einer Mistgabel, kollidiert mit Personen, anderen Pferden ...
Je mehr das Pferd anrichtet, um so panischer wird es. Zu allem Überfluss steht auch noch die Stalltüre offen, so entkommt es nach draußen. In vollem Galopp rast es um die Ecke, der Boden ist nass, die Kurve zu eng, es rutscht hinten weg, schlägt auf das Pflaster, rappelt sich wieder auf. Es rennt weiter die Auffahrt hinunter, die zur Hauptstraße führt. Genau in diesem Moment kommt ihm ein Auto entgegen. Das Pferd denkt in seiner Panik gar nicht daran abzubremsen und versucht, mit einem Riesensatz über das Auto zu springen. Es landet mit den Vorderbeinen in der Heckscheibe des Autos, überschlägt sich und ... Dieses Schreckensszenario könnte man beliebig fortsetzen. Das ist keine Fiktion, sondern die Darstellung einer Situationen, wie sie täglich passieren kann. Fasst jeder Pferdemensch hat Ähnliches schon mal

erlebt. Vielleicht nicht mit solch einem blutigen Ausgang, aber grundsätzlich ist ein flüchtendes Pferd enormen Gefahren ausgesetzt und stellt gleichzeitig auch eine enorme Gafahr für seine Umwelt dar.

Das muss nicht sein. Egal aus welchem Grund ein Pferd einen Menschen beim Aus-der-Box-Holen umrennt, zu akzeptieren ist das auf keinen Fall. Auch dann nicht, wenn es durch Mangel an Bewegung und eine nicht artgerechte Haltung »unter Strom steht«.

Einem Pferd, das sich so verhält, fehlt eindeutig der Respekt vor dem Menschen. Hier ist, zumindest in Teilbereichen, die Leitungsfrage nicht geklärt.
In der Natur würde es keinem Herdenmitglied einfallen, das Leittier anzurempeln, geschweige denn zu überrennen. Das wäre grob respektlos und würde umgehend geahndet.

Lässt sich hingegen ein Mensch von seinem Pferd anrempeln und das mit wiederkehrendem Erfolg, hat dieses eine Menge gelernt. Denn bekanntlich lernt das Pferd am Erfolg. Hat der Mensch keine Idee, wie er dieses unerwünschte Verhalten seines Pferdes abstellen kann, wird er vermutlich so reagieren, dass er prophylaktisch zur Seite springt, sobald sich die Boxentür öffnet. Er weicht seinem Pferd aus. In der Natur heißt es: Wer weicht, ordnet sich unter. Eine zusätzlich Anfrage an die Leitungskompetenz des Menschen.

Auch Problempferde werden nicht als solche geboren, sondern zu solchen ausgebildet. Das geschieht dann, wenn ein Pferd immer wieder an der falschen Stelle und mit eigentlich unerwünschten Verhaltensweisen Erfolg hat. Nicht richtig wäre es, dem Pferd dafür die Schuld zu geben, schließlich ist es das Umfeld, was Dinge zulässt oder nicht.

Und dieses Umfeld wird maßgeblich durch den Menschen gestaltet.

Problemvorstellung

Auch ich hatte ein ähnliches Problem. Mein Welsh Cob Klötzchen begann eines Tages aus unerfindlichen Gründen, mich beim Führen durch den etwa einen Meter breiten Durchgang zwischen Putzplatz und Auslauf umzurennen. Warum er das mit einem Mal tat, konnte ich nicht erkennen. Vielleicht war es ein Anflug von Platzangst, hervorgerufen durch die Enge des Durchgangs oder das knackende Geräusch des in der Nähe stehenden Elektrozaungerätes. Wie dem auch sei, dieses Verhalten konnte ich nicht akzeptieren. Also begann ich, mit ihm an diesem Durchgang zu üben. Mein Ziel war es, dass Klötzchen hier wieder kultiviert und problemlos durchging.

Die Sprache der Pferde ist die Körpersprache. Mit dieser können sie sich sehr effektiv verständigen, ohne dass man dabei einen Ton vernimmt. Das hat gute Gründe, den schließlich sind diese Tiere Fluchttiere. Dauernde Verständigungslaute würde Raubtiere nur unnötig auf sie aufmerksam machen. Sie sind Spezialisten im Anwenden, aber auch im Lesen von Körpersprache und sehr gute Beobachter.

Würden wir Menschen uns mehr mit ihren natürlichen Kommunikationsweisen beschäftigen, hätten wir einen viel besseren Zugang zu ihnen. Auch wir haben eine ausgeprägte Körpersprache, leider ist uns das in den seltensten Fällen bewusst. Wir sind zu wortorientiert und nehmen deshalb nicht wahr, dass der weitaus größte Teil in der zwischenmenschlichen Kommunikation ebenfalls über

27

Körpersprache stattfindet. Stattdessen neigen manche Menschen dazu, in Konfliktfällen, besonders auch bei Problemen mit Pferden, herumzuschreien. Je gravierender das Problem ist, umso hysterischer wird das Schreien. Erreichen tun sie dabei oft das Gegenteil.

Wer schreit, signalisiert meist Unsicherheit. Wer Argumente hat, braucht nicht zu schreien.

Natürlich können Worte oder Laute eingesetzt werden, bei Pferden funktioniert das jedoch nur in Verbindung mit Körpersprache.

Zurück zu meinem Problem mit Klötzchen. Hier war es hauptsächlich die Köpersprache, mit deren Hilfe ich Klötzchens Verhalten korrigieren konnte. Mit der gleichen Vorgehensweise würde ich aber auch an besagtes Boxenproblem herangehen.

Trainingslektion

Wie immer, wenn ich mit einem Pferd am Boden arbeite, ziehe ich ihm ein Knotenhalfter an und befestigte daran ein dickes, etwa vier Meter langes Arbeitsseil.

Ich baue mich in besagtem Durchgang auf – mit Blick zum Pferd. Ich versuche, Klötzchen etwa eineinhalb Meter vor mir auf dem Putzplatz zu »parken«. Ich mache mich groß und schaue ihn scharf an. Mein erhobener Zeigefinger unterstützt diese Situation. Ein deutliches und warnendes »Steh« signalisiert ihm, dass ich es auf keinen Fall dulden werde, ihn durchzulassen. Er versucht es trotzdem, augenblicklich werde ich aktiv. In nachdrücklicher Weise gehe ich aggressiv auf ihn zu. Gleichzeitig schüttele ich mein dickes Arbeitsseil heftig, um

Mit deutlicher Körpersprache wird dem Pferd Klötzchen mitgeteilt, dass er es nicht wagen soll, weiterzugehen oder gar durch den Durchgang zu preschen. Dabei baut sich der Ausbilder in »bedrohlicher« Haltung vor ihm auf.

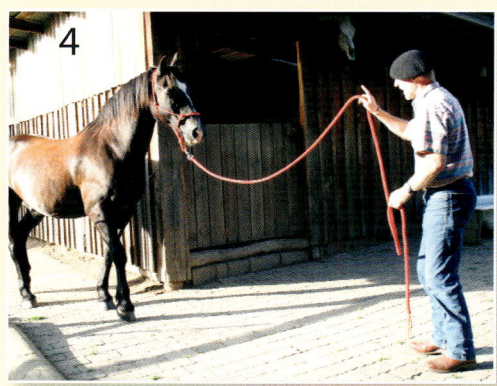

Und wieder einen Schritt und dann: »Halt.« Nachdem Klötzchen nun schon verschiedene kleine Schritte, mit den entsprechenden Pausen danach, gemacht hat, haben wir bereits den Durchgang zur Hälfte passiert.

Nachdem Klötzchen akzeptiert hat, dass er auf keinen Fall durch den Durchgang gehen darf, bevor er dazu aufgefordert wurde, wird er nun ausdrücklich dazu eingeladen, einen Schritt näher zu kommen. Dazu hat der Ausbilder seine bedrohliche in eine etwas geducktere Haltung verändert. Er hält seinen Blick gesenkt.

Aber bitte nur einen Schritt nach vorne und dann: »Halt.« Indem Klötzchen immer nur einen Schritt machen darf, lernt er, nicht durch den Durchgang zu stürmen, sondern gesittet und langsam durch ihn durchzugehen. Nach jedem Schritt folgt eine Pause.

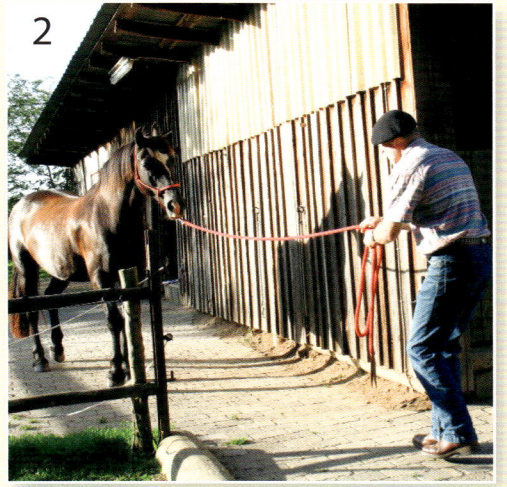

2

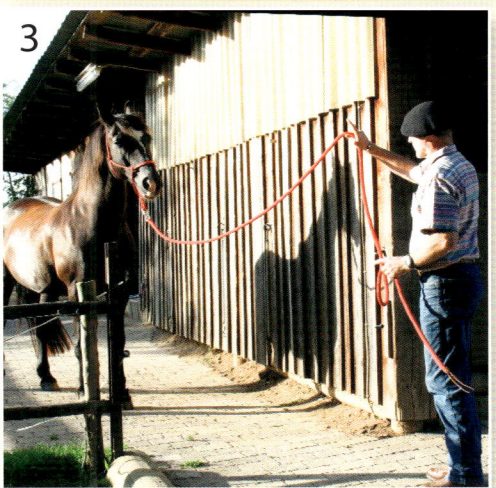

3

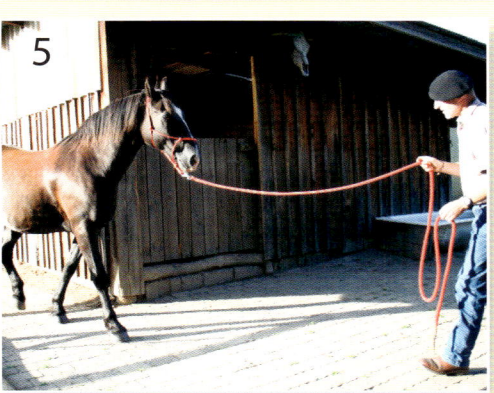

5

6

Wieder geht es weiter. Sehr brav und immer auf seinen Ausbilder konzentriert, hat Klötzchen nun bereits einen großen Teil seiner Aufgabe absolviert.

Bald schon ist es keine besondere Herausforderung mehr, den schmalen Durchgang zum Auslauf anständig und ohne Stress miteinander zu durchschreiten. Pferd und Ausbilder wirken sichtlich gelöst.

damit deutliche Signale auf das Knotenhalfter zu lenken und somit einen gewissen Druck auf die Pferdenase. Das Ganze wird unterstützt von einem erneuten, bestimmt ausgesprochenen: »Steh.« Erschreckt weicht mein Pferd einige Schritte zurück, ich habe ihn auf diese Weise beeindruckt. Sofort entspanne ich mich. Meine bedrohlich wirkende Haltung löse ich auf und signalisierte ihm damit Komfort und meine Zufriedenheit. Zusätzlich erhält Klötzchen eine Arbeitspause, in der er sich sichtlich entspannt und zudem Zeit hat, das eben Erlebte zu verarbeiten. Die erste Lektion hat bereits gesessen.

Nach etwa einer halben Minute Pause geht es weiter. Jetzt soll er lernen, einen Schritt in Richtung Durchgang zu gehen – aber nur einen Schritt. Dazu bewege ich mich selbst einen Schritt rückwärts und fordere ihn über das Arbeitsseil auf, mir zu folgen. Sofort will er wieder losstürmen. Ich reagiere in der oben beschriebenen Weise, augenblicklich hält er inne. Wieder machen wir eine Pause und ich lobe ihn mit einem dicken: »Braaav.« So lernt er, langsam, gesittet und immer nur einen Schritt nach dem anderen, den engen Durchgang zu passieren. Immer wenn er nicht auf mich achtet und mehr Schritte macht als gefordert, schicke ich ihn nachdrücklich rückwärts. Es ist wichtig, dass Pferde Bewegungsabläufe durch das Training verinnerlichen.

Auch heute noch achte ich stets darauf, dass Klötzchen sich an besagter Stelle gesittet verhält.

Er zeigt immer mal wieder leichte Ansätze, die an sein altes Verhalten erinnern. Aber das ist längst kein Problem mehr, haben wir doch miteinander gelernt, damit umzugehen.

Gerade in solchen Konfliktfällen habe ich die Erfahrung gemacht, dass es wesentlich effektiver ist, gleich am Anfang etwas überdeutlich aufzutreten. Ich nenne das gerne: Mal eine Bombe platzen lassen. Dadurch erhalte ich eine Menge Respekt von Seiten des Pferdes, und es wird mich beim nächsten Mal sehr viel ernster nehmen. Ständiges Am-Pferd-Herumziehen artet oft in ein gegenseitiges Tauziehen aus und klärt nicht wirklich die Verhältnisse.

Reicht die oben beschriebene Vorgehensweise nicht aus, um ein Pferd zu beeindrucken, ist es sinnvoll, einen »Meinungsverstärker« zu verwenden. Ich benutze dazu gerne ein etwa ein Meter langes Stöckchen, an dessen oberem Ende eine simple Plastiktüte befestigt ist. Mit diesem Ding kann man meist eine Menge Eindruck bei Pferden machen. Dazu halte ich das Stöckchen etwa in Brusthöhe vor das Pferd und bewege es in kurzen, aber heftigen seitlichen Zickzackbewegungen. Es gibt wenige Pferde, die jetzt nicht reagieren. Sobald das Pferd weicht, nehme ich den Druck weg, senke den Stock und mache eine Pause. Beim nächsten Mal werde ich vermutlich weniger Einwirkung brauchen.

3

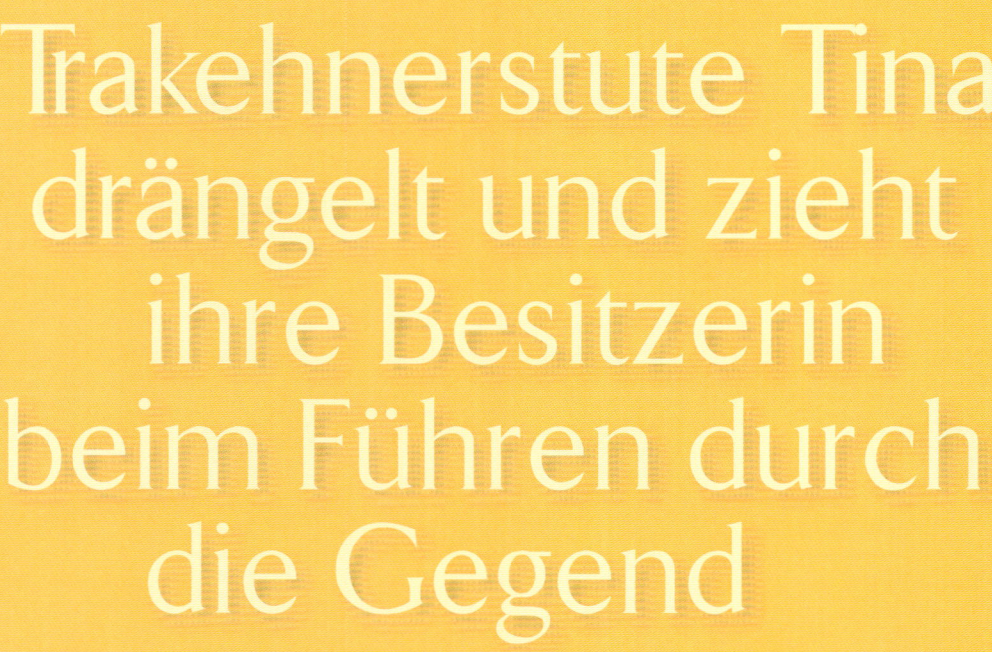

Trakehnerstute Tina drängelt und zieht ihre Besitzerin beim Führen durch die Gegend

3. Trakehnerstute Tina drängelt und zieht ihre Besitzerin beim Führen durch die Gegend

Problemvorstellung

Tina ist eine 9-jährige Trakehnerstute mit hervorragender Springveranlagung. Sie ist enorm drahtig, sicher auf den Beinen und sehr leistungsfähig. Ihre Besitzerin Manuela hat schon einige Platzierungen in Springprüfungen mit ihr nach Hause gebracht. Manuela hat ihr Pferd im Vereinsstall des örtlichen Reitvereins untergebracht. Der Stalltrakt liegt direkt an der Reithalle. Das ist auch nötig, denn Tina ist unter dem Sattel händelbar, aber am Boden eher nicht. Soll sie von A nach B geführt werden, zerrt sie den Menschen nur so durch die Gegend. Steht jemand im Weg, rempelt sie ihn einfach um. Dadurch ist es gut, dass der Weg zur Halle kurz ist, das mindert doch erheblich das Gefahrenpotential.

Aus diesem Grund reitet Manuela auch nicht mehr ins Gelände, denn um zu den Feldern und zum Waldgebiet zu kommen, müsste sie ihr Pferd zunächst eine Strecke führen und das ist zu gefährlich. Man darf sich gar nicht vorstellen, was passieren könnte, wenn Tina sich losreißen und im Straßenverkehr selbstständig machen würde ... Wenn Manuela zum Turnier will, müssen beim Verladen immer zwei starke Männer anwesend sein, die Tina von beiden Seiten zum Hänger führen. Besonders draußen ist sie richtig »geladen« und explosiv. Manuela hat Panik bei dem Gedanken, ihrem Pferd am Boden alleine ausgeliefert zu sein. Was kann sie tun?

Die offiziellen Richtlinien sagen, dass der Mensch beim Führen auf Höhe der linken Schulter des Pferdes geht. Das versucht Manuela auch so zu praktizieren, nur leider funktioniert es nicht. Kennt Tina die Richtlinien nicht?

Richtlinien und Normen sind gut, wenn sie funktionieren und dem Anwender nützen. Meist sind sie unter bestimmten Umständen entstanden, auf die sie zu dieser Zeit vielleicht auch gepasst haben. Aber Umstände ändern sich und was zu gewissen Zeiten gut und richtig war, muss nicht für alle Zeiten richtig bleiben.

Früher waren es bestimmte Berufsgruppen oder die prädestinierte Bevölkerungsschicht, die mit Pferden umging.

Meist war das Pferd entweder Arbeitstier oder Kriegskamerad. Diese Welt war eine von Männern geprägte Welt mit entsprechend militärischen Verhaltensweisen. Man pflegte einen autoritären Umgang miteinander und auch mit den Pferden. Das mag nicht jedem sympathisch sein, aber es hatte seine Vorzüge, denn es herrschte Klarheit.

Führungsrollen wurden nicht in Frage gestellt und wenn doch, wurde nicht lange diskutiert, sondern gehandelt. Dazu kam, dass das Pferd eine ganz andere Auslastung hatte.

Heute sind unsere Pferde Freizeit- oder Sportpartner und meist nicht entsprechend ausgelastet. Der Mensch ist auf der Suche nach Harmonie, was auch richtig ist, aber oft auf Kosten der Klarheit geht.

Das Pferd braucht Klarheit, es will wissen, wo es dran ist und lässt sich nur von einem Ranghöheren leiten. Was unsere Vorfahren

durch klare Vorgaben dem Pferd mitteilten, bleibt heute oft auf der Strecke und verhindert einen erfolgreichen Umgang mit ihm.

Lösungsvorschlag

Der erste Schritt zu einem erfolgreichen und sicheren Umgang mit dem Pferd ist das Klären der Führungsrolle.

Dazu müssen wir wissen, dass es in einer frei lebenden Pferdeherde zwei Leittiere gibt, die Leitstute und den Leithengst. Beide sind dominante Führungspersönlichkeiten, haben aber unterschiedliche Aufgaben und agieren aus unterschiedlichen Positionen. Die Leitstute ist für das »Alltagsgeschäft« der Herde zuständig, sie führt diese zu den neuen Weidegründen oder Wasserstellen. Dabei geht sie der Herde voran.

Der Leithengst ist der Beschützer der Herde, er treibt sie aus dem Gefahrenbereich heraus und schirmt sie von hinten ab. Er bildet praktisch die Nachhut und treibt die Herde vor sich her.

Wollen wir uns im Umgang mit unseren Pferden an der Natur orientieren – was letztlich das Verständlichste für sie ist, müssen wir diesem Wissen Rechnung tragen. Dazu schlüpfe ich in die Rolle des jeweiligen Leittieres. Beim Führen ist es die der Leitstute, bei anderen Aufgaben die des treibenden Hengstes.

Führe ich ein Pferd auf Höhe seiner Schulter oder halte ich mich dahinter auf, ist das gleichzusetzen mit der untergeordneten Position des rangniedrigen Pferdes. Wollen wir unser Pferd aus dieser Position führen, ordnen wir uns ihm in Wahrheit unter.

Wir sagen ihm damit: »Geh du voraus und übernimm die Führung.« Aber - wer führt entscheidet. Übertragen wir dem Pferd die Führung, entscheidet es auch, wo wir hingehen.

Tina sollte aus meiner Sicht lernen, dass der Mensch, der sie führt, vor ihr geht. Dabei muss sie akzeptieren, in entsprechendem Abstand hinter dem Menschen zu gehen und auf diesen zu achten. Vermutlich wird Tina nicht so ohne weiteres ihre erworbenen Privilegien aufgeben wollen, sie will überzeugt werden. Deshalb ist es sinnvoll, Handwerkszeug zu benutzen, mit dem ich im Konfliktfall die Möglichkeit habe, mich entsprechend durchzusetzen. Auch hier ist es wieder besagtes Knotenhalfter und das dicke, lange Arbeitsseil. Das Knotenhalfter ist aus dünnem Seil geknüpft, damit habe ich am Boden ein besseres Durchsetzungsvermögen. Das dicke Seil gibt mir die Möglichkeit, wenn nötig, besser zupacken zu können und auch mal »Seil zu geben«, ohne das Pferd loslassen zu müssen.

So ausgerüstet beginne ich meine Übung. Am Besten geht das auf einem Reitplatz oder in der Halle, hier kann ich die Umzäunung als Anlehnung und Begrenzung nutzen.

Ich richte mich auf, mache mich groß und nehme eine »breite Haltung« ein. So signalisiere ich dem Pferd Selbstbewusstsein und teile ihm meinen Führungsanspruch mit. Aufrecht gehe ich los, dabei möchte ich, dass das Pferd mindestens 2–3 Meter hinter mir bleibt.

Das hat folgende Gründe: Zum einen haben Pferde die Augen auf der Seite. Das gibt ihnen die Möglichkeit, fast 360 ° im Umkreis zu sehen. Eine wichtige Voraussetzung für Fluchttiere, um mögliche Raubtiere rechtzeitig wahrnehmen zu können.

Eine häufig gewählte und auch heute noch von offiziellen Gremien gelehrte Führposition. Ein Pferd führt man auf Höhe der linken Schulter, heißt es da. Die meisten Leute wissen nicht, dass man damit zwar den Richtlinien entspricht, nicht aber den natürlichen Vorgaben, die wir aus dem Zusammenleben von Pferden untereinander kennen. Ein Missverständnis zwischen Mensch und Pferd, das unangenehme Folgen haben kann.

Führt der Mensch dabei das Pferd noch mit den üblichen Hilfsmitteln (gut gepolstertes Stallhalfter und kurzes, dünnes Führseil), schränkt er sich zusätzlich in seinen Möglichkeiten ein.

Eine andere Führposition: Ein Pferd wird so geführt, dass es sich mit der Nase in Schulterhöhe des Menschen befindet. Eine bessere Stellung – hat dabei doch der Mensch die dominante Position. Sind die Verhältnisse zwischen Mensch und Pferd geklärt, sieht das aus, wie der Sonntagsspaziergang eines gut miteinander harmonierenden Ehepaares. Beide sind in ihrer Aufmerksamkeit aufeinander abgestimmt.

Möchte aber ein Pferd die ihm zugewiesene Position verlassen und sich an dem Menschen vorbei in eine dominante Führposition schieben, ist es wichtig, dass dieser korrigierend eingreift. Besonders wichtig ist das bei Pferden, die aus Dominanzgründen oder aufgrund einer schlechten Erziehung versuchen, den Menschen zu bedrängen oder durch die Gegend zu ziehen.

Eine Möglichkeit, dem Pferd seine Position hinter mir anzuweisen, ist eine simple Richtungsänderung. Drehe ich mich bei einem Pferd, das dabei ist, mich zu überholen, einfach um und gehe in die Gegenrichtung, ist es auch wieder hinter mir. Dies ist eine einfache Methode, mit der ich aber nicht wirklich die Verhältnisse klarstelle.

Gerne wende ich sie dann an, wenn ungünstige Umfeldsituationen eine Auseinandersetzung mit dem Pferd nicht sinnvoll erscheinen lassen, z. B. wenn Stacheldrahtzäune, parkende Autos, spielende Kinder, steile Abhänge o. Ä. in unmittelbarer Nähe sind.

Der »Propeller«, eine wirkungsvolle Trainingsmethode, bei der ich das Ende meines Arbeits-
seiles wie einen Propeller neben mir rotieren lasse. Hiermit erziele ich meist eine eindrucks-
volle Wirkung. Wird diese Vorgehensweise von einem Pferd nicht respektiert, lasse ich das
Seil schneller rotieren. Drängt es dann immer noch nach vorne, wird es in den Propeller
hineinlaufen und sich gegebenenfalls einen leichten Treffer auf der Nase abholen. Den hat
das Pferd sich dann aber selbst zugefügt.

Allerdings schränkt sie das im Sehen nach vorne auf nähere Distanz sehr ein.

Je größer der Führabstand, umso besser kann das Pferd meine Vorgaben wahrnehmen. Der zweite und ich finde weit wichtigere Grund ist der Respekt, den ich über die Distanz erhalte.

Ich als Chef lege meinen Individualbereich fest, eine Zone, in die niemand eindringen sollte, der nicht dazu eingeladen ist. Diesen Bereich werde ich verteidigen, jeder der da hinein eindringt, begeht eine Respektlosigkeit. Je mehr das Pferd diesen Bereich akzeptiert, umso mehr achtet es mich als »Leittier«.

Achtet das Pferd also diese Zone nicht oder versucht es mich sogar zu überholen, gibt es verschiedene Möglichkeiten, es auf seinen Platz zu verweisen. Die eleganteste und unspektakulärste Methode wäre, einfach einen Richtungswechsel vorzunehmen oder eine Volte zu gehen und schon ist das Pferd wieder hinten. Meist funktioniert das aber nicht als Dauerlösung, denn es klärt nicht wirklich die Verhältnisse. Diese Vorgehensweise kann mal in Situationen angewendet werden, in denen ich mich nicht gut auf eine Auseinandersetzung einlassen kann, z. B. in der Nähe von Stacheldrahtzäunen, Autos steilen Abhängen oder Fußgängern.

Eine andere, weitaus effektivere Möglichkeit ist es, das Ende des langen Führseils als Propeller einzusetzen. Dazu fasse ich dieses etwa einen Meter vom hinteren Ende entfernt mit meiner rechten Hand, meine linke hält das übrige Seil (bei Linkshändern könnte das umgekehrt sein). Kommt mir mein Pferd zu nahe oder möchte es mich gar

Oft reicht ein impulsives Hochreißen der Schulter, evtl. verbunden mit dem Auf-
stampfen eines Fußes, um dem Pferd seinen Platz hinter dem Menschen zuzuwei-
sen. Im Konfliktfall ist es immer besser und auch aus Leitungsgründen wichtiger,
das Pferd weiter hinter sich zu haben. Geht es um das grundsätzliche Klären der
Leitungsfrage, fordere ich einen Abstand von 2–3 Meter hinter mir.

überholen, lasse ich das Seilende kreisen. Reagiert mein Pferd nicht oder nicht genügend, werde ich die »Drehzahl« erhöhen. Das hält die meisten Pferde auf Distanz. Lässt ein Pferd sich auch davon nicht beeindrucken und versucht es, an mir vorbei-zustürmen, läuft es direkt in den Seilpropeller hin-ein. Es erhält über das rotierende Seilende einen leichten Schlag auf die Nase und straft sich quasi selbst für seine Respektlosigkeit. Sobald es wieder die von mir angestrebte Position eingenommen hat, höre ich sofort mit dem »Seildrehen« auf. So wird es merken, dass es nur hinter seinem Men-schen sicher ist und sich gerne hinten einordnen.

Die dritte und natürlichste Möglichkeit ist die, dem Pferd meine Forderung mit Hilfe meiner Körper-sprache mitzuteilen. Ich wähle die entsprechende Führposition, gehe also dem Pferd voraus. Nach

ein paar Schritten stoppe ich impulsartig. Dazu mache ich mich breit in den Schultern, spreize meine Ellenbogen auseinander und ramme den Absatz meines Stiefels fest in den Boden. Die mei-sten Pferde reagieren darauf, indem sie augen-blicklich stoppen.

Sofort nehme ich eine entspannte Körperhaltung ein und wirke dann auch nicht mehr bedrohlich auf das Pferd. Das signalisiert ihm Komfort. Durch die nun folgende kurze Pause wird es belohnt und es hat Zeit, um über das Erlebte nachzudenken und es zu speichern.

Reagiert ein Pferd nicht in befriedigender Weise, kann ich meine körpersprachliche Einwirkung mit der oben besprochenen Propellermethode kombi-nieren.

Eine andere Kombinationsmöglichkeit ist der Einsatz der im vorhergehenden Kapitel vorgestell-

Für ganz Hartnäckige empfiehlt sich wieder der Einsatz der »Wundertüte«. Mit dieser kann ich auf sehr eindrückliche Weise den penetranten Drängler auf Abstand halten. Das Pferd auf Distanz schicken, um darüber meine Führungsrolle klar zu stellen, ist das Erste, was ich mit jedem Pferd mache.

ten »Wundertüte« (Plastiktüte am Stock). Dazu halte ich diese zunächst in Bodennähe vor mich. Möchte ich das Pferd anhalten, werde ich sie in unmittelbarer Verbindung mit meinem eigenen Stoppen zum Einsatz bringen, indem ich sie impulsartig hoch und hinter mich in Richtung Pferd schwenke. Sobald dieses reagiert, muss ich jeglichen Druck sofort wegnehmen.

So lernt das Pferd, auf mich zu achten. Das kann es aber nur, indem ich es auf mich aufmerksam mache. Richtig angewandt, werde ich nach kurzer Zeit immer weniger Aktion einbringen müssen.

Das Ziel ist ein Pferd, das mir wie ein Schatten folgt, das losgeht, aber auch anhält, wenn ich es tue. Ich möchte nicht mehr an ihm herumzerren, -ziehen oder -stoßen müssen, um es zu kontrollieren.

Je besser es akzeptiert, um so mehr Respekt wird es mir geben. Wichtig ist, dass ich hierbei auch wirklich konsequent meine Forderung durchsetze. Jeder Schritt, den das Pferd unaufgefordert in meine Richtung tut, wird sofort korrigiert.

Konsequenz ist das Zauberwort! Nur wenn ich sie wirklich lebe, wird das Pferd mich ernst nehmen.

Selbstverständlich müssen diese Übungen über den Reitplatz hinaus im täglichen Umgang mit dem Pferd Anwendung finden.

Immer wieder mal höre ich die Kritik, dass ein Pferd mich umrennen könnte, wenn es hinter mir geht und erschrickt. Natürlich kann sich ein Pferd erschrecken und dabei auch mal zu Seite springen. Sind aber die Führungsverhältnisse wirklich geklärt, wird es sich hüten, mich anzurempeln.

4

Ribanna lässt sich beim Führen ziehen

4. Ribanna lässt sich beim Führen ziehen

Problemvorstellung

Arno ist ein konsequenter Mensch, der sich stets bemüht, alles ganz richtig zu machen. So hat er sich gründlich auf den Kauf seines ersten Pferdes vorbereitet. Er wollte nichts dem Zufall überlassen und optimal vorbereitet sein. Mit vielen Dingen hat er sich beschäftigt, viel gelesen und viele Kurse besucht.

Dann kaufte er Ribanna, eine 8-jährige Paintstute. Damit von Anfang an nichts schief ging, wollte Arno ganz von vorne mit seinem Pferd anfangen. Da er gelesen hatte, dass der Schlüssel für eine gute Partnerschaft die Bodenarbeit ist, begann er, nach diesen Prinzipien zu arbeiten.

An erster Stelle sollte das Führtraining stehen. Also besorgte er sich Knotenhalfter und Arbeitsseil. Noch einmal studierte es das dazu gehörige Kapitel im Lehrbuch, denn die erste Lektion sollte sitzen. Und sie saß. Arno rammte seinen Absatz so impulsiv in den Sand, dass Ribanna hinter ihm vor Schreck fast umgefallen wäre. Wow, das hatte Eindruck gemacht. Als er dann nach einigen Sekunden Pause wieder losgehen wollte, kam Ribanna nur zögerlich mit – der Typ da vorne war ihr unheimlich. Nach zwei weiteren Anhaltelektionen war sie total verunsichert, sie weigerte sich, Arno zu folgen.

Arno hatte in seinem Eifer die Dinge übertrieben. Nur durch permanentes Ziehen am Leitseil ließ sich Ribanna von nun an dazu bewegen, ihm überhaupt zu folgen. Aus dem Pferd, das geführt werden sollte, war ein »Zugpferd« geworden.

Auf den vorherigen Seiten haben wir uns damit beschäftigt, wie man ein Pferd korrigieren kann, das seinen Menschen beim Führen durch die Gegend zieht. Natürlich kann man das Ganze auch übertreiben und wie bei Ribanna das Gegenteil erreichen.

Auch hier gilt der Grundsatz: So wenig wie möglich, aber so viel wie nötig.

Es gibt Pferde, die sich gerne hinten einordnen und die zufrieden damit sind, wenn da jemand ist, der ihnen sagt, wo es lang geht. Dabei handelt es sich meist um »Sensibelchen«, bei denen es aber durch zu viel Druck leicht zu einem Vertrauensbruch kommen kann. Dann wollen sie sich nicht mehr auf den Menschen einlassen und verweigern sich. Genauso gut kann es aber auch sein, dass ein Pferd aus Faulheit, Trägheit oder Ignoranz dazu neigt, sich beim Führen ziehe zu lassen. Wie auch immer, ein Pferd ziehen zu müssen, ist eine mühsame Angelegenheit, die ganz schön lästig werden kann.

Lösungsvorschlag

Um hier Abhilfe zu schaffen, werde ich zunächst in eine Doppelrolle schlüpfen. Ich spiele Leitstute und Leithengst in einer Person. Wie weiter vorne schon beschrieben, führt die Stute von vorne, der Hengst treibt von hinten. Also muss ich versuchen, aus der von vorne befindlichen Leitstutenposition auch noch den Job des von hinten treibenden Hengstes zu übernehmen. Dazu bediene ich mich eines weiteren Hilfsmittels, dem Kontaktstock. Dieser Kontaktstock ist aus Glasfiber und ca. 120 cm lang. An seinem Ende hat er einen Gummigriff, vorne befindet sich ein etwa zwei Meter langes, sechs Millimeter dickes Seilchen, an dessen Ende eine Lederlasche befestigt ist. Mit Hilfe dieses Stockes kann ich jetzt die vorwärts treibende Arbeit des Hengstes ausführen. Selbstverständlich kann man hierzu auch eine Longier- oder lange Bogenpeitsche benutzen. Wichtig ist, dass diese lang genug sind, um mit ihnen die Hinterhand erreichen zu können, wenn man vor dem Pferd steht.

Für das Training bietet sich wieder die Begrenzung eines Zaunes oder einer Reitplatzbande an. Dadurch kann das Pferd nicht nach außen ausbrechen und sich der Einwirkung entziehen.

Dieser Schecke weigert sich, dem Menschen zu folgen. Auch ein etwas nachdrückliches Ziehen am Führseil kann ihn nicht davon überzeugen, sich in Bewegung zu setzen.

Lässt sich ein Pferd beim Führen ziehen oder verweigert es das Mitkommen ganz, muss die Person, die es führt, zwei Rollen miteinander kombinieren: die der Leitstute, die von vorne führt, und die des Leithengstes, der von hinten treibt. Aber bevor der Hengst dem Pferd in die Hinterhand kneift, um es anzutreiben, erfolgt ein warnender Blick auf das Hinterteil.

Positionieren Sie sich in entsprechendem Abstand vor Ihrem Pferd. Kehren Sie diesem, wie immer beim Führen, den Rücken zu.

Das Leitseil halten Sie in der dem Zaun zugewandten Hand, den Kontaktstock in der anderen. So können Sie diesen zum freien Einsatz bringen,

ohne irgendwo anzuschlagen. Den Kontaktstock halten Sie dabei zunächst vor sich und mit der Spitze zum Boden gerichtet.

Wenn Sie losgehen möchten, machen Sie Folgendes. Drehen Sie Ihren Kopf nach außen hinten und schaue mit einem scharfen Blick auf die

Bleibt der warnende Blick des Ausbilders auf die Hinterhand des Pferdes unbeantwortet, wird er nun mit Hilfe des Kontaktstockes zur aktiven Einwirkung übergehen. Aus der Position der Leitstute, die vorne steht, wird er den Kontaktstock mit einer weiten Bewegung zur Seite so einsetzen, dass die lange Schnur auf dem Hinterteil des Pferdes auftrifft.

Das zeigt Wirkung. Das so in den »Po gekniffene« Pferd setzt sich überrascht in Bewegung. Damit hatte es wohl nicht gerechnet, dass der Typ da vorne gleichzeitig »Mama« und »Papa« sein kann.

Noch sichtlich irritiert folgt der Schecke nun dem vorausgehenden Menschen am lockeren Führseil. Wird seine Verweigerung in Zukunft immer in dieser Weise »behandelt«, wird er sich bald auf den bloßen Blick des Ausbilders auf die Hinterhand in Bewegung setzen. Dazu ist es aber wichtig, dass der Blick immer der aktiven Einwirkung vorausgeht.

43

Hinterhand des Pferdes. Unmittelbar danach schwingen Sie den Kontaktstock ebenfalls nach außen hinten und zwar so, dass die Lederlasche am Ende des Seilchens auf die Pobacke des Pferdes auftrifft. Das Bild für diese Situation: Der Hengst hat zugebissen. Im gleichen Augenblick gehen Sie los und hoffen, dass Ihr Pferd der treibenden Einwirkung des »Pseudohengstes« nachkommt und sich ebenfalls in Bewegung setzt. Ist das nicht der Fall, wird der ganze Vorgang wiederholt, dieses Mal aber mit stärkerem Einsatz des Kontaktstockes. Wie stark dieser tatsächlich eingesetzt werden muss, ist von der Reaktion Ihres Pferdes abhängig.

Ist mein Pferd der Aufforderung zum Antreten nachgekommen, wird der Kontaktstock sofort wieder aus der treibenden Position und nach vorne genommen. In der nächsten Zeit sollten Sie beim Führen Ihres Pferdes immer den Kontaktstock dabei haben.

Mit diesen Argumenten ausgestattet, wird es bald lernen, dass es keine andere Möglichkeit gibt, als seinem Chef nachzufolgen. Wichtig ist, dass Sie bei diesen Übungen immer den gleichen Ablauf einhalten.

Zuerst kommt das Schauen auf die Hinterhand, dann schwingt der Stock in die gleiche Richtung und letztendlich klatscht das Seilende auf die Pobacke. Nach kurzer Zeit wird das so trainierte Pferd willig mitkommen. Sollte es sich dennoch mal verweigern wollen, reicht dann meist der scharfe Blick auf die Hinterhand, um es in Bewegung zu setzen.

Mein Pferd lässt sich nicht auftrensen

5. Mein Pferd lässt sich nicht auftrensen

Martina und ihr 6-jähriger Hannoveraner Wallach Flores sind ein gutes Team. Martina hat große Pläne mit ihm und träumt von einer Karriere im Dressursport. Viele Lektionen klappen auch schon richtig gut.

Problemvorstellung

Bei einer Sache kommt sie immer wieder an ihre Grenzen. Flores lässt sich ganz schlecht auftrensen, er reißt den Kopf hoch, presst die Zähne aufeinander und versucht auch schon mal durch leichte Steigansätze oder Rückwärtslaufen der ungeliebten Trense zu entkommen. Bereits dann, wenn Martina nur die Hand auf seinen Nacken legen will, beginnt er, heftig mit dem Kopf zu schlagen. Da Flores ein Stockmaß von 176 cm hat, ist das ein großes Problem. Martina ist verzweifelt, gerade in letzter Zeit ist es wiederholt vorgekommen, dass sie nicht mit ihrem Pferd arbeiten konnte, weil ein Auftrensen nicht möglich war.

Hier ist sicher einiges in der Ausbildung des Pferdes schief gelaufen. Vermutlich hat man versucht, Flores die Trense mit Gewalt ins Maul zu legen, hat ihm dabei das Trensengebiss hart gegen die Zähne geschlagen oder ihm Zahnfleisch und Maulwinkel gequetscht. Weiter könnte es sein, dass ihm das Sperrhalfter zu stark zugezogen wurde. Vielleicht ist er auch mit zu heftiger Handeinwirkung geritten worden.

Wird einem Pferd in dieser Weise Schmerz zugefügt, kann es leicht zu solchen Reaktionen kommen.

Zügelarbeit ist Vertrauensarbeit und das Pferdemaul ein schmerzempfindliches Organ.

Lösungsvorschlag

Was ist zu tun, damit Flores lernt, vertrauensvoll die Trense anzunehmen, ohne sich ihr entziehen zu wollen?

Bei allem, was man einem Pferd beibringen möchte, ist es wichtig, es dabei nicht zu überfordern. Dazu ist es angezeigt, die Lektion zunächst in Einzelteile zu zerlegen und als einzelne Bausteine zu erarbeiten.

In diesem Fall sind es drei Elemente, die einzeln geklärt werden müssen, um sie dann wieder zu einem Ganzen zusammenzufügen.

1. Flores muss lernen, die Hand von Martina auf seinem Nacken zu akzeptieren und die heftigen Abwehrreaktionen zu lassen.

2. Er muss lernen, auf leichten Druck im Nacken seinen Kopf zu senken.

3. Er muss lernen, sich durch leichte Einwirkung mit der menschlichen Hand im Maul zu lösen, dieses zu öffnen und sich willig die Trense einlegen zu lassen.

1. Schritt

Pferdeausbildung ist immer eine Gratwanderung zwischen Sensibilisierung und Desensibilisierung.

Sensibilisieren möchte ich das Pferd für Dinge, die es lernen soll. Über Desensibilisierung möchte ich erreichen, dass das Pferd unerwünschte Verhaltensweisen lässt. Entscheidend über das, was das Pferde lernt, ist der Augenblick des Erfolges.

Soll Flores lernen, das unangenehme Kopfschlagen zu lassen, darf er damit keinen Erfolg haben. Hat Martina im Augenblick des Kopfschlagens

45

Dieser Schimmel hat ein offensichtliches Problem damit, sich am Ohr bzw. im Nacken berühren zu lassen. Würde der Mensch nun jedes Mal seine Hand zurückziehen, wenn das Pferd sich im Nacken gestört fühlt, würde dieses sein Fehlverhalten nie aufgeben. Hier ist eine Desensibilisierung angesagt.

auf den Hals des Pferdes. Akzeptiert es die Berührung ohne Gegenwehr, nehme ich meine Hand weg, warte einen Moment (Pause!), lobe es mit meiner Stimme und streichle es seitlich am Hals.

Jetzt wandert meine Hand weiter zum Genick. Beginnt das Pferd mit dem Kopf zu schlagen, bleibt meine Hand an Ort und Stelle. Mit der Hand, die das Halfter fasst, kann ich das Pferd am Weglaufen hindern und auch vermeiden, dass es mich durch unkoordinierte Bewegungen mit dem Kopf verletzt. Nach einigen vergeblichen Versuchen wird das Pferd bald merken, dass es durch dieses Verhalten meine Hand nicht los wird und kurz innehalten. Sofort nehme ich meine Hand weg, lobe und streichele es wieder am Hals. Der ganze Vorgang wird einige Male wiederholt, evtl. an verschiedenen Tagen.

Sein Erfolgserlebnis bekommt das Pferd immer in dem Moment, in dem es akzeptiert.

So wird es bald gelernt haben, die Hand auf seinem Nacken zu dulden oder vielleicht sogar zu genießen. Die gleiche Vorgehensweise gilt auch bei Pferden, die sich nicht an den Ohren anfassen lassen wollen.

Etwas schwierig kann sich diese Übung dann gestalten, wenn die Proportionen zwischen Pferd und Reiter ungünstig sind, d. h. eine kleine, zierliche Person mit einem entsprechend großen Pferd. Hier bietet es sich an, mit einem »Armverlängerer« zu arbeiten. Ich habe mir dazu einen alten Handschuh präpariert und an einem Stock befestigt. So kann ich komfortabel an schwer erreichbaren Körperstellen des Pferdes arbeiten, ohne mich in Gefahr zu begeben. Eine nicht so gute Idee wäre es, diese Lektion von einem Hocker aus erarbeiten zu wollen. Das ist zu gefährlich.

schnell die Hand zurückgezogen, um noch heftigere Reaktionen ihres Pferdes zu vermeiden, hat dieser im falschen Augenblick sein Erfolgserlebnis bekommen. Flores hat gelernt, dass heftiges Kopfschlagen eine Lösung ist, um die lästige Menschenhand in seinem Genick loszuwerden. Besser wäre es, sich eine Möglichkeit zu schaffen, die es erlaubt, im entscheidenden Augenblick »dranzubleiben«. Also Flores reagieren zu lassen, ohne ihm damit Erfolg zu geben.

Dazu stelle ich mich seitlich neben den Kopf des Pferdes und fasse mit einer Hand in das Backenstück des Halfters, die andere Hand lege ich

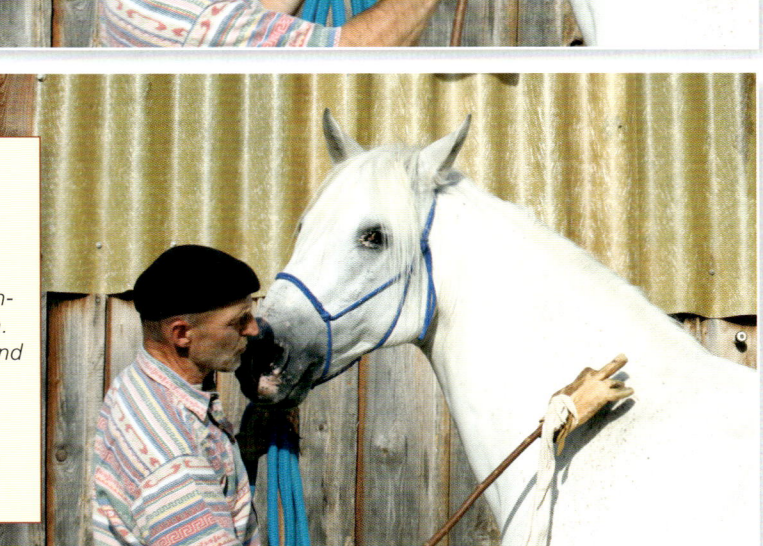

Reißt ein großes Pferd seinen Kopf sehr weit in die Höhe, hat der Mensch meist keine Chance, mit seiner Hand das Genick des Pferdes zu berühren. In diesem Fall bietet sich das Training mit einem »Armverlängerer« an. Das ist ein ausgestopfter Handschuh, der an einem Stock befestigt wurde.

Sobald das Pferd die Berührung in seinem Nacken ohne Abwehrmaßnahmen akzeptiert, wird die Hand oder der »Armverlängerer« augenblicklich weggenommen. Das Pferd wird gelobt und zur Belohnung am Hals gekrault. Es wird gelobt, weil es akzeptiert, nicht weil es reagiert hat.

2. Schritt

Ist das »Angefasst werden« im Nacken für Flores kein Problem mehr, soll er im nächsten Arbeitsgang lernen, auf Fingerdruck im Genick den Kopf zu senken. Auch hierzu stehe ich wieder seitlich an Flores Kopf und halte das Pferd mit einer Hand am Backenstück des Halfters. Meine andere Hand wandert zum Genick. Hier, etwa eine Handbreit

hinter den Ohren, befinden sich links und rechts des Mähnenkammes zwei leichte Erhebungen. Gebildet werden diese durch die darunter liegenden Knochenzapfen des ersten Halswirbels (Atlas). Daumen und Zeigefinger platziere ich senkrecht auf diesen Erhebungen. Mit den Fingerkuppen baue ich nun einen leichten Druck nach unten auf,

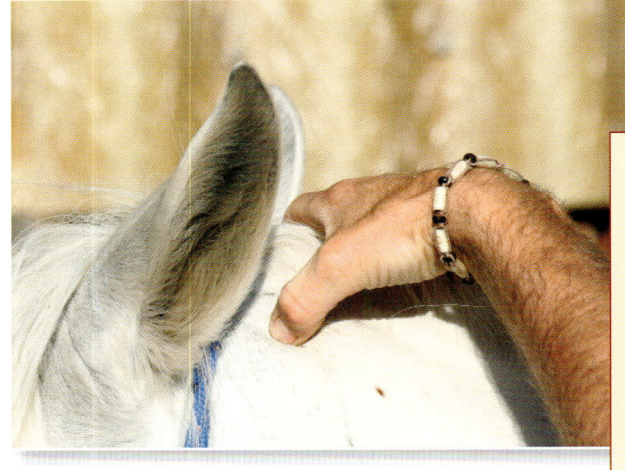

Nachdem das Pferd gelernt hat, dass es in Ordnung ist, wenn es im Nacken angefasst wird, ist es nun an der Zeit, dass das Pferd lernt, seinen Kopf auf Anfrage zu senken. Dazu bieten sich die »Wülste« an, die wir etwa 5 cm hinter den Pferdeohren, links und rechts des Mähnenkammes vorfinden. Diese werden durch die Knochenzapfen des ersten Halswirbels (Atlas) gebildet. Bei vielen Pferden kann man sie deutlich als Erhebungen sehen, bei manchen nur fühlen.

Der Schimmel hat nun bereits die erste »Anfrage« positiv beantwortet. Auf die Einwirkung an besagter Stelle hinter den Ohren hat er leicht den Kopf gesenkt. Meist ist es am Anfang nur ein leichtes Zucken nach unten. Sofort nehme ich den Druck weg, lobe und streichle das Pferd. Will ich am Anfang zu viel, erhalte ich oft gar keine Reaktion, das Pferd blockiert.

Nun ist eine deutliche Reaktion zu sehen. Das Pferd hat seinen Kopf schon sehr weit nach unten genommen, es befindet sich in einer echten Dehnungshaltung. Akzeptiert es diese Position willig, ist es nicht nur körperlich, sondern auch mental entspannt.

49

den ich so lange verstärke, bis das Pferd durch ein Nicken nach unten nachgibt. Sofort nehme ich den Druck weg, lobe das Pferd und streichle es an der Stelle, wo ich soeben eingewirkt habe.

Oft sind es kaum merkliche Reaktionen, aber bereits auf diese gehe ich lobend ein.

Reagiert ein Pferd nicht auf die Einwirkung meiner Fingerkuppen, kann es auch vorübergehend mal nötig sein, meine Fingernägel einzusetzen. Bei hartnäckigen Fällen kann es zusätzlich helfen, das Pferd während dieser Lektion im Hals gebogen zu halten. So kann es seine Halsmuskeln nicht verspannen und wird sich eher loslassen. Durch wiederholtes Üben wird das Pferd bald lernen, seinen Kopf gerne zu senken. Erwarte ich allerdings anfangs zu viel Reaktion, kann es sein, das es meine Idee nicht erkennt und sich eher »festmacht«.

Wichtig ist, wirklich die kleinste Reaktion des Pferdes bereits durch Loben und Druckwegnehmen zu bestätigen. Nur so kann es mein Ansinnen verstehen und letztendlich die erwünschte Verhaltensweise lernen.

Bei dieser Übung wird das Pferd nicht für das Akzeptieren, sondern für das Reagieren belohnt – es ist ein Akt der Sensibilisierung.

Soll das Pferd lernen, willig und gerne den Fremdkörper Trense in seinem Maul zu akzeptieren, muss ich es darauf vorbereiten. Dazu strecke ich Daumen und Zeigefinger, den Mittelfinger spreize ich im rechten Winkel dazu ab, ich mache eine »Revolverhand«. Den Mittelfinger schiebe ich ins Pferdemaul, an die Stelle, an der die Trense liegen soll, und kitzele das Pferd etwas seitlich an der Zunge. Vermutlich wird es nun augenblicklich zu kauen anfangen. So löst sich das Pferd im Maul und lernt gleichzeitig, die Trense zu dulden.

Ist das Pferd entsprechend vorbereitet, ist es an der Zeit, diesem tatsächlich die Trense einzulegen. Bestreiche ich diese zuvor mit etwas Honig, kann ich dem Pferd die Sache regelrecht versüßen, ich mache ihm die Trense »schmackhaft«.

Wurden im Vorfeld die einzelnen Schritte gut erarbeitet, sollte es jetzt ein Leichtes sein, das Pferd aufzutrensen. Die Druckpunktanwendung signalisiert dem Pferd, den Kopf zu senken. Der Mittelfinger meiner Hand hat es auf die Trense vorbereitet, der Honig versüßt das Ganze zusätzlich. Gut zu sehen, wie diese Einzelteile nun in der Kombination miteinander funktionieren.

Neben dem angestrebten Ziel, den Kopf des Pferdes in eine bessere Position für das Auftrensen zu bekommen, wird diese Dehnungshaltung sich zusätzlich positiv auf dessen mentalen Zustand auswirken.

3. Schritt

Zum Lösen des Maules wähle ich die gleiche Ausgangsposition wie bei den vorhergehenden Lektionen. Mit einer Hand halte ich das Pferd am Halfter, die andere strecke ich unter seinem Kinn

hindurch. Daumen und Zeigefinger dieser Hand spreize ich ab und schiebe den Mittelfinger dem Pferd seitlich von außen in die Zahnlücke zwischen Schneide- und Backenzähne. Daumen und Zeigefinger liegen fixierend an der Backe des Pferdes und verhindern, dass der Mittelfinger zu weit nach oben ins Pferdemaul rutscht. Mit diesem kitzele ich das Pferd seitlich an der Zunge. Die allermeisten Pferde fangen augenblicklich an zu kauen und lösen sich dadurch im Maul.

Reagiert ein Pferd mit heftigem Kopfschlagen oder reißt es seinen Kopf hoch, lasse ich zunächst einfach meine flache Hand an der äußeren Maulseite liegen. Mit meiner Hand, die sich am Halfter befindet, kann ich den Kopf des Pferdes kontrollieren. So kann ich verhindern, dass es mich verletzt. Nach einigen vergeblichen Versuchen, meine Hand von seinem Maul los zu werden, wird es die Abwehrreaktion einstellen.

Sofort erfolgt das wichtige Loben. Das Pferd wird für das Akzeptieren belohnt.

Nach einigen Wiederholungen dieses Desensibilisierungsprozesses wird es seine Opposition ganz aufgeben. Nun kann ich erneut beginnen, meinen Mittelfinger in die Maulspalte zu schieben, um das Abkauen zu fordern.

Wird das ohne Probleme von ihm akzeptiert, wird der Mittelfinger der anderen Hand in die Zahnlücke der inneren Maulspalte geschoben. So entsteht eine simulierte Trense. Das Pferd lernt, sich vor »Gegenständen« im Maul nicht zu verschließen, sondern sie zu akzeptieren und sich mit ihnen durch kauen zu beschäftigen.

Bald werde ich damit beginnen können, mit einer Trense zu trainieren. Dabei kann es sehr hilfreich sein, diese vorher mit Honig oder Zucker zu bestreichen, um sie dem Pferde so richtig »schmack-

Die Krönung: Das Pferd lässt sich problemlos von einem Menschen auftrensen, der dabei kniet. Nehme ich mir nicht die Zeit, das Auftrensen vernünftig zu erarbeiten, werde ich mich jeden Tag ärgern müssen. Denn ohne Trense – kein Reiten ...

haft« zu machen. So wird es lernen, die Trense gerne zu nehmen und gleichzeitig beginnen, daran zu lecken und zu kauen.

Eine andere Möglichkeit ist, in die gleiche Hand, die das Mundstück hält, ein Leckerli zu legen und dem Pferde Gebiss und Leckerli miteinander anzubieten.

Mit Hilfe dieser Vorübungen wird Martina ihr Pferd bald ohne Stress aufzäumen können. Mit ihrer rechten Hand gibt sie dem Pferd einen Impuls im Nacken, und es wird den Kopf senken. Mit der gleichen Hand fasst sie nun das Nackenstück der Trense, mit der anderen hält sie das Trensengebiss vor Flores Maul. Nimmt dieser das Gebiss nicht von

selbst, kann es nochmals nötig sein, den Daumen seitlich in Flores Maulspalte zu schieben, um ihn durch Kitzeln an der Zunge zum Öffnen des Mauls zu bewegen.

Martinas rechte Hand zieht nun das Kopfstück über Flores Ohren und somit die Trense ins Maul. Dabei sollte sie sich bemühen, das Trensengebiss gefühlvoll einzuführen, damit es Flores nicht an die Zähne schlägt. Ein dadurch erzeugtes unangenehmes Gefühl könnte leicht wieder zu einer neuen Verweigerung führen.

Natürlich gehört zum dauerhaften Erfolg auch eine gute, weiche Hand beim Reiten.

6

Frau Grün und ihr beißendes Pferd

8. Frau Grün und ihr beißendes Pferd

Problemvorstellung

Seit einem Jahr hat Frau Grün ihren Wallach. Er ist zwei Jahre alt. Seitdem sie ihn hat, hat sie Probleme mit seiner Beißerei. Besonders schlimm war es, als er noch Hengst war. Nach seiner Kastration, die sie recht schnell durchführen ließ, wurde es besser. Seit einem halben Jahr beißt er wieder vermehrt.

Frau Grün ist der Meinung, dass er Langeweile haben könnte, da er auch in seinen Führstrick und in den Zaun beißt. Wenn sie mit ihm »gespielt« oder ihn longiert hat, wird es nicht viel besser.

Eigentlich ist der Wallach recht gutmütig. Sie glaubt nicht, dass er aus »Feindseligkeit« beißt. Er greift nicht an, sondern es passiert eher mal so zwischendurch ... Plötzlich beim Putzen, »Spielen« oder Spazierengehen. Wenn er losrennen möchte und zurückgehalten wird, schnappt er gerne zu. Er beißt auch immer die Stute, die bei ihm steht.

Erklärung

Es ist normal, dass junge Hengste oder Wallache alles ins Maul nehmen und daran herumnagen. Außerdem fordern sich männliche Jungtiere durch gegenseitiges Beißen und Zwicken zu »Hengstspielchen« heraus. Das gehört zu ihren ganz natürlichen Spielritualen. Wenn man in eine Herde mit Jungtieren hineinschaut, kann man genau dieses Verhalten der Junghengste- und Wallache beobachten. Ein solches Verhalten gehört zur gesunden Entwicklung eines männlichen Tieres. Es zeigt, dass es sich normal entwickelt und vital ist. Da dieses Pferd vermutlich keinen gleichaltrigen »Kumpel«

zum Spielen hat, sucht er sich einen Ersatzspielgefährten. Den hat er in seiner Besitzerin und der Stute, bei der er steht, gefunden.

Diesem Pferd sollte keine schlechte Absicht in seinem Verhalten unterstellt werden, sondern sein natürliches Spielbedürfnis. Hier unterscheidet sich auch das Spielverhalten von männlichen und weiblichen Tieren. Das ist so ähnlich wie bei uns Menschen. Jungs spielen in der Regel andere Spiele als Mädchen.

Ein anderer Grund könnte allerdings auch ein ungeklärtes Führungsverhältnis zwischen der Besitzerin und dem Pferd sein. Es kann sein, dass er sie herausfordern will, um zu erfahren, wer das Sagen hat.

Für ein Pferd gibt es keine gleichberechtigte Partnerschaft, es gilt nur ein Leiten oder Geleitet-Werden.

Wenn Sie nicht eindeutig in Ihrer Führungsrolle sind, wird Ihr Pferd Sie austesten, denn es braucht klare Verhältnisse. Es provoziert Sie und will sich an Ihnen messen. Hier heißt es für den Pferdebesitzer, an sich zu arbeiten, um eine echte Leitungsautorität zu werden. Dazu gibt es eine Menge guter Übungen, die neben anderen positiven Effekten, alle den Sinn haben, den Menschen in seiner Leitungsrolle zu stärken.

Darüber hinaus ist es wichtig, dass man sich das Pferd auf Abstand hält und nicht zu viel an seinem Kopf oder Maul herumhantiert. Dennoch kann es sein, dass der Kerl immer mal wieder versucht, nach einem zu schnappen. Ihm dann auf das Maul zu hauen, ist keine gute Idee. Dadurch machen Sie ein Pferd nur kopfscheu, das Zwicken lässt es in der Regel trotzdem nicht.

Das Pferd lernt: Sobald es beißt, bekommt es eine Watschen. Also wird es, sofort nach dem Beißen, seinen Kopf auf die andere Seite werfen, um der zu erwartenden Strafe zu entgehen. Ein Pferd lernt aus Erfahrungen.

Eine wirkungsvollere Methode ist es, das Pferd sich selbst bestrafen zu lassen. Dazu benutzen Sie ein ca. 60–70 cm langes Stöckchen. Dieses Stöckchen darf keinesfalls zum Schlagen eingesetzt werden, sondern nur als Abstandhalter. Da Sie die Situationen kennen, in denen Ihr Pferd zum Beißen neigt, sollte es ein Leichtes sein, das Stöckchen zum Einsatz zu bringen. Dazu tun Sie nichts weiter, als dieses so zu positionieren, dass es mit der Spitze auf die Backe Ihres Pferdes zeigt. Der Abstand zur Backe kann dabei etwa 10–20 cm betragen. Wann immer Ihr Pferd nun versucht, nach Ihnen zu schnappen, wird es sich sofort an diesem Stöckchen stoßen und somit selbst bestrafen. Je heftiger der Angriff ist, um so stärker wird die »Bestrafung« ausfallen. Wenn Sie einmal versuchen, mit der Fingerspitze auf Ihre Wangenmuskulatur zu drücken, können Sie ermessen, wie sensibel diese Körperstelle ist.

Keine Maßnahme ihrerseits wird so nachhaltig wirken, wie wenn das Pferd sich selbst bestraft.

7

Boris scheuert sich an Hanna und schubst sie mit dem Kopf

7. Boris scheuert sich an Hanna und schubst sie mit dem Kopf

Hanna ist dreizehn Jahre alt. Schon bevor sie in den Kindergarten ging, musste Opa immer mit klein Hanna zu den Pferden. Dann während ihrer Schulzeit ging sie alleine dort hin. Isländer hatten es ihr angetan – diese lustigen, kleinen zotteligen Pferde mit ihren puscheligen Mähnen. Anfangs stand sie wochenlang mit sehnsüchtigem Blick am Zaun und schaute dem Treiben auf dem Islandpferde-Hof zu. Sie war zu schüchtern, um unaufgefordert näher zu kommen. Irgendwann erbarmte sich die Stallbesitzerin und lud Hanna auf den Hof ein.

Von da an war sie dort ständiger Gast und täglich ging es nach den Schulaufgaben zum Stall. Sie übernahm erste Pflegeaufgaben, Stall ausmisten war angesagt, Pferde putzen, dann durfte sie auch mal auf einem Pferd sitzen. Und so wuchs sie immer mehr in die Arbeit mit den Pferden hinein. Schon bald war sie zu einer unersetzlichen Mitarbeiterin auf dem Hof geworden. Viele Pferde waren es, mit denen sie umgehen durfte, trotzdem war ihr größter Wunsch, ein eigenes Pferd zu haben. Sie sparte eisern für dieses Ziel. Zu Weihnachten und zum Geburtstag wünschte sie sich Geld, sie trug die Wochenzeitung im Ort aus, alles legte sie zurück. Trotzdem dauerte es Jahre, zum Schluss legte Opa noch was drauf, bis sie endlich genug für ihr eigenes Pferd zusammen hatte. Und da sie mit Islandpferden groß geworden war, lag nichts näher, als sich ebenfalls ein solches zu kaufen.

Es war Boris, den sie sich ausgeguckt hatte. Einen 5-jährigen braunen Wallach mit braunen Kulleraugen. Boris war schon seit zwei Jahren auf dem Hof, zunächst noch in der Jungpferdeherde. Vor einem Jahr hatte man angefangen, ihn einzureiten. Er war wirklich ein netter Kerl.

Wann immer Hanna Zeit hatte, war sie bei Boris, die beiden mochten sich sehr. Stundenlang wurde er geputzt, es wurden Bänder in die Mähne geflochten und sie schmusten miteinander. Bald begann Boris, seinen haarigen Kopf an Hannas Rücken oder Schultern zu scheuern, was diese sichtlich genoss. Sie freute sich über so viel Zärtlichkeit von Seiten ihres Pferdes. Irgendwann wurde das Scheuern heftiger, dann wurde daraus ein Schubsen. Jetzt war das Ganze nicht mehr so lustig. Richtig unangenehm wurde es, als Boris seine Besitzerin so heftig schubste, dass diese über einen Heuballen stolperte und sich derbe das Handgelenk verstauchte.

Das war des Guten zu viel, irgendetwas war hier schief gelaufen. Hanna war bestürzt, sie konnte das alles nicht verstehen, was hatte sie falsch gemacht?

»Wenn Du zulässt, dass Dein Pferd sich an Dir scheuert, bist Du für Dein Pferd nicht mehr, wie für die Sau die Scheuereiche«, hat mal jemand gesagt.

Das Scheuern eines Pferdes an »seinem« Menschen hat nichts mit Sympathie zu tun, sondern mit Respektlosigkeit. In der Herde finden wir das nicht, dass ein rangniedriges Pferd zum Leittier kommt und sich einfach an diesem scheuert. Das wäre eine Respektlosigkeit, die umgehend geahndet würde.

Das heißt aber nicht, dass ein Leittier keinen Sozialkontakt braucht. Pferde als Herdentiere sind auf gegenseitigen Körperkontakt angewiesen, sie scheuern aneinander und machen »Fellchenkrau-

57

Die Situation mag zwar freundlich erscheinen, hat aber nichts mit Sympathiebezeugung oder gar »schmusen wollen« von Seiten des Pferdes mit seinem Besitzer zu tun.Vielmehr ist es die simple Befriedigung eines Juckreizes. Das Pferd scheuert sein juckendes Fell am Menschen, er benutzt diesen quasi als Kratzbaum. Es ist somit eher ein Akt von Respekt- und Distanzlosigkeit.

len« mit ihren Zähnen. So helfen sie sich gegenseitig bei der Körperpflege und tun einander gut.

Dabei ist es aber immer das ranghöhere Pferd, das die Initiative ergreift und das rangniedere zum Sozialkontakt auffordert. Und so ist es auch das Ranghohe, das den Sozialkontakt wieder beendet.

Man kann also sagen: Das ranghohe Pferd benutzt das rangniedere, um seine Körperbedürfnisse zu befriedigen.

Wenn ein Pferd also zum Menschen kommt und sich einfach an ihm scheuert, praktiziert dieses Leittierverhalten am Menschen.

Lässt der Mensch zu, dass das Pferd seine niederen Bedürfnisse an ihm befriedigt und ihn als Kratzbaum benutzt, ordnet er sich diesem freiwillig unter.

Das ist dann unter Umständen der Beginn des menschlichen Abstiegs. Da Pferde, wie auch wir Menschen, ständig darauf aus sind, ihre »gesellschaftliche« Position zu verbessern, wird dieser erste Erfolg meist weitere Interventionen von Seiten des Pferdes nach sich ziehen. Keine gute Basis für eine weitere Zusammenarbeit. Hier ist Klarstellung der Verhältnisse angesagt.

Hanna sollte ihr Pferd auf Distanz halten. Natürlich darf sie weiterhin mit ihrem Pferd »knuddeln« aber nach den Spielregeln der Natur. Sie sollte nicht zulassen, dass dieses unaufgefordert in ihren Persönlichkeitsbereich eindringt. Tut Boris es dennoch, sollte sie ihn energisch zurückschicken. Er sollte lernen, in gebührendem Abstand zu warten, bis Hanna ihn auffordert zu kommen, oder bis sie zu ihm hinkommt. Fordert Hanna diese Vorgaben konsequent ein, wird ihr Pferd immer weniger versuchen, diese zu hinterfragen. Mit der Zeit wird Boris gerne und respektvoll warten, bis er an der Reihe ist.

Er hat gelernt, wo sein Platz ist, das gibt ihm Zufriedenheit und Hanna Respekt.

Ist Ihnen ein respektvoller Umgang mit Ihrem Pferd wichtig, sollten Sie darauf achten, dass es Abstand hält. Oft reicht ein Schulterzucken, um das Pferd auf Distanz zu schicken, manchmal ist aber auch ein Knuff mit dem Ellbogen nötig.
Distanzlosigkeit schafft Respektlosigkeit – Abstand schafft Respekt.

Das Pferd auf Abstand halten heißt aber nicht, dass man mit ihm keinen Sozialkontakt pflegen darf. Ganz im Gegenteil!
Beschäftigen Sie sich viel mit Ihrem Pferd, berühren Sie es am ganzen Körper, kraulen und streicheln Sie es. Das tut Ihnen gut, aber auch Ihrem Pferd, denn Pferde brauchen Sozialkontakt. Nur achten Sie darauf, dass Sie die Initiative für diese Schmusestunde ergreifen und dass Sie das Ganze auch wieder beenden. Lassen Sie keine Eigenmächtigkeiten von Seiten des Pferdes zu, sonst mutieren Sie zum Kratzbaum.

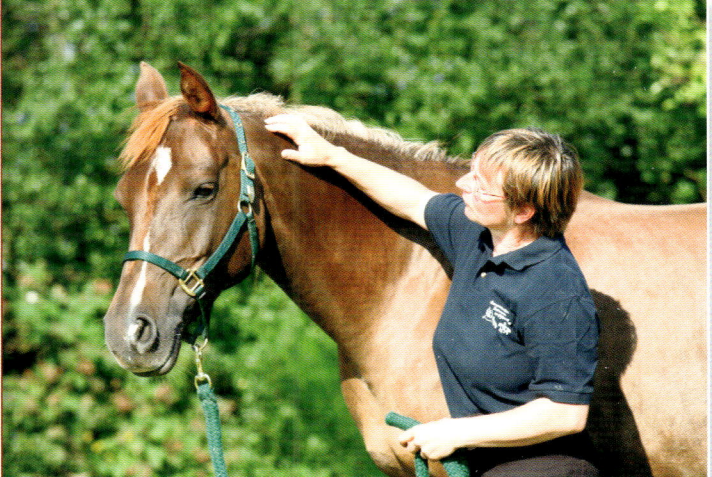

59

8

Mein Pferd
hat Angst vor der
Sprayflasche

8. Mein Pferd hat Angst vor der Sprayflasche

Sprays findet man heute überall. Wir verwenden Antifliegen-Spray, um die lästigen Mücken zu vertreiben, die im Sommer unseren Tieren das Leben zur Hölle machen. Mähnenspray und Haarlack werden in Mengen verbraucht, um Fell und Langhaar unserer Lieblinge zu pflegen. Mit Hufspray versuchen wir, die Konsistenz des Hufhorns zu verbessern. Desinfektionssprays sind heute aus einer Stallapotheke gar nicht mehr wegzudenken. Ob der Tierarzt eine nötige Spritze setzen muss oder das Pferd sich irgendwo eine Schürfwunde zugezogen hat, auf jeden Fall muss die Stelle desinfiziert werden ...

Wie dem auch sei, Sprays und Sprühflaschen sind heute aus dem Umfeld der modernen Pferdehaltung nicht mehr wegzudenken. Egal wie nützlich oder vielleicht auch weniger nützlich es ist, Flüssigkeiten oder Medikamente mit Hilfe einer Sprühdüse ans Pferd zu bringen, das Geräusch verursacht nicht selten bei ihm Stress oder gar Panik. Manche Pferde sehen ihr einziges Heil in der Flucht, andere springen mit allen Vieren gleichzeitig in die Luft, wieder andere piaffieren auf der Stelle oder kicken gezielt nach dem Sprühstrahl.

Diese Verhaltensweisen haben aber in den meisten Fällen nichts mit Widersetzlichkeit zu tun, sondern mit wirklicher Angst. Angst vor der plötzlich auftreffenden Flüssigkeit am Pferdkörper, es könnte sich ja um den Angriff eines unbekannten Tieres handeln. Pferde haben überhaupt Angst vor Dingen, die plötzlich auftreten und sie erschrecken. Ihre erste Reaktion ist dann Flucht. Können sie nicht weglaufen, weil sie angebunden sind oder festgehalten werden, versuchen sie sich zu wehren.

Das wiederum kann der Mensch nicht einordnen, der gerade versucht, sein Pferd mit einem Spray zu behandeln. Da er aber auf keinen Fall sein Pferd zu etwas nötigen möchte und weil ihm die Sache für sich selbst zu gefährlich erscheint, neigt dieser dann dazu, sein Vorhaben sofort einzustellen, wenn das Pferd sich aufzuregen beginnt.

So lernt das Pferd: Sich aufzuregen ist eine sichere Lösung dafür, Dingen zu entkommen, die es nicht mag.

Das war nicht der Sinn der Übung.
Das Antischreck-Training ist ein wichtiger Bestandteil meiner Kurse.

Erschreckt schaut die Mulidame Furka auf den eckigen grauen Kasten. Dieses Ding ist ihr nicht geheuer.

Sie traut der Sache immer noch nicht so ganz, obwohl das Ding recht weit weg ist ... Langsam löst sich die Spannung. Auf den Schreck von eben folgt die Neugierde. Rumpelnde, rollende Mülleimer können einem einen ganz schönen Schreck einjagen.

Auch Plastikplanen gehören zu den eher »schrecklichen Dingen des Lebens«. Der Schimmel Novarro hat damit seine liebe Not.

Regenschirme – plötzlich schnappen sie auf. Was vorher noch wie ein unscheinbarer Spazierstock aussah, entpuppt sich unerwartet und mit einem plötzlichen Geräusch als ein Angst machendes Gebilde.

Pferde sind auch nach vielen tausend Jahren der Domestizierung durch den Menschen Fluchttiere geblieben. Sie neigen nach wie vor dazu, vor Angst machenden Dingen zu flüchten.

Dieses Verhalten stellt heute das größte Problem im Umgang mit ihnen dar, waren doch zu keiner Zeit Umweltreize so vielfältig vorhanden wie heute: überall Autoverkehr, monströse Traktoren, Pferde fressende Mähdrescher, rappelnde Mülltonnen, flatternde Plastikplanen, bunte Regenschirme oder zischende Sprühflaschen.

Wollen wir die Gefährdung von Mensch und Pferd minimieren, müssen wir unsere Pferde an solche Einflüsse gewöhnen.

Antischreck-Training

Sprühflaschen gibt es in Haushaltsartikelgeschäften meist für wenig Geld zu kaufen. Normalerweise benutzt man sie ja zum Wässern von Blumen oder Besprühen von Wäsche. Aber auch für das Antischreck-Training mit Pferden sind sie bestens geeignet. Die Sprühdüse kann man durch einfaches Drehen so einstellen, dass entweder ein scharfer Strahl oder ein Sprühnebel entsteht.

Beim praktischen Training gehe ich folgendermaßen vor: Das Pferd ist ausgerüstet mit Knotenhalfter und Arbeitsseil.

Ich habe eine mit Wasser gefüllte Sprühflasche bei mir.

*Mulidame Furka hat ein Problem mit der Sprühflasche.
Ist es das Zischen des Sprühstrahles, das sich verdächtig
nach dem Zischen einer Schlange anhört, das ihr Angst
macht? Oder ist es das plötzliche Auftreffen des Strahls
auf ihren Körper? Wie dem auch sei, an diesem Problem muss gearbeitet werden.*

*Um Furka die Angst vor dem Sprühstrahl und dem
Zischgeräusch zu nehmen, spritze ich einfach ein Stück
neben ihr auf den Boden. Auch wenn sich das Tier aufregen sollte, mache ich weiter. Würde ich in diesem
Moment das Sprühen einstellen, hätte Furka gelernt,
dass sie sich nur etwas aufregen muss, damit das Geräusch aufhört. Aber bereits nach kurzer Zeit hat sie
gemerkt, dass von dem Zischlaut keine Gefahr ausgeht.
Noch misstrauisch, aber schon deutlich entspannter,
lässt sie die Dinge über sich ergehen ...*

Jetzt wird es wieder turbulent. Nachdem Furka sich an den Zischlaut gewöhnt hat, geht es weiter im Programm. Nun soll sie sich an die Berührung durch den Sprühstrahl gewöhnen. Dazu halte ich diesen immer wieder auf ihren Huf, was ihr zunächst gar nicht gefällt.

Nach einiger Zeit ergibt sich das Muli seinem Schicksal. Noch etwas skeptisch, was man an ihrem bewegten Ohrenspiel sehen kann, lässt sie die Prozedur über sich ergehen. Auch das unruhige Schlagen mit dem Schweif ist ein Zeichen dafür, dass ihr die ganze Sache immer noch nicht so richtig gefällt.

Für ihr tapferes Ausharren wird Furka nun gelobt und mit Streichel-einheiten belohnt. An den nassen Stellen an ihrem Körper kann man sehen, dass sie sich inzwischen sogar an ihrer Schulter, ihrem Bauch und an der Hinterhand besprühen lässt.

Nun scheint die Sache ganz erledigt. Man kann Furka mittlerweile am ganzen Körper besprühen. Sie bleibt ruhig, hält den Kopf gesenkt und ihren Schweif entspannt. Auch ihre zur Seite gestellten Ohren verraten uns, dass die Sache nun für sie in Ordnung ist. Man könnte fast meinen, sie würde diese sanfte Dusche jetzt genießen.

Ich stelle mich vor das Pferd, in meiner linken Hand halte ich das Leitseil, in der rechten die Sprühflasche.

Nun beginne ich in Höhe des linken Vorderbeines, mit einem seitlichen Abstand von einem knappen Meter einfach auf den Boden zu sprühen. Das Pferd soll sich zunächst an das zischende Geräusch der Sprühdüse gewöhnen. Regt das Pferd sich auf, lasse ich mich davon nicht beeindrucken und sprühe weiter. Das Pferd soll das Geräusch kennen lernen und realisieren, dass ihm keine Gefahr droht. Das mache ich so lange, bis das Pferd diesen Vorgang akzeptiert und dabei ruhig stehen bleibt. Im nächsten Schritt gehe ich mit dem Sprühstrahl dichter an das Pferdebein ran und spritze auch hin und wieder mal den Huf an. Akzeptiert das Pferd das, gehe ich weiter am Vorderbein hinauf Richtung Schulter. Manche Pferde versuchen, dem Strahl zu entkommen, indem sie anfangen, um einen herumzulaufen. Das sollten Sie nicht zulassen, denn schließlich wollen wir dem Pferd nicht mit Hilfe der Sprühflasche beibringen longiert zu werden. Um es zu verhindern, stelle ich das Pferd an einen Zaun oder die Bande der Reithalle. So ist es nach außen durch die Bande und nach vorne durch mich begrenzt.

Ich spritze mit Absicht auf sein inneres Vorderbein. Das kontrolliert ein Ausweichen nach innen und verhindert, dass es in seiner Panik versucht, nach vorne zu springen und mich umzurennen. Gerade das könnte passieren, wenn ich mein Training an der Hinterhand beginne.

Es kann sein, dass mein Pferd nun versucht, sich mir durch Rückwärtsgehen zu entziehen. Soll es doch, ich gehe einfach mit und bleibe unbeirrt an ihm dran ...

Wie sehr das Pferd sich auch aufregt, ich spritze weiter. Bald schon wird es merken, dass der Sprühstrahl keine Gefahr darstellt. Ja, dass es sogar angenehm sein kann, mit Wasser abgekühlt zu werden.

Mit zunehmender Akzeptanz beginne ich, meine Aktivitäten langsam in Richtung Hinterhand auszuweiten. Über Schulter und Hals geht es zur Mittelhand und weiter zur Hinterhand. Dann ist der Bauch dran und die andere Körperseite.

Genauso gehe ich auch vor, wenn ich ein Pferd an das Abspritzen mit dem Wasserschlauch gewöhnen will.

67

9

Attila lässt mich nicht in die Box und tritt gezielt nach mir

9. Attila lässt mich nicht in die Box und tritt gezielt nach mir

Problemvorstellung

Das Schulpferd Attila, ein temperamentvoller kleiner Kerl, dreht einem grundsätzlich die Hinterhand zu, wenn man seine Box betritt und ihn aufzäumen möchte. Er schreckt nicht davor zurück, auszuschlagen. Logisch, dass sich mittlerweile keiner mehr zu ihm in die Box traut.

Lösungsvorschlag

Schulpferde haben einen harten Job und sind manchmal wirklich zu bedauern. Ständig sind es andere Menschen, auf die sie sich einzustellen haben. Der eine zieht so an ihrem Maul herum, der nächste so, einer plumpst ihnen in den Rücken, ein anderer kickt ihnen in die Rippen. Nicht wenige halten sich am Zügel fest, um die Balance nicht zu verlieren. Und oft sind es viele Stunden am Tag, in denen sie stupide Runde um Runde in der Halle laufen müssen, mit immer wieder neuen Passagieren auf ihrem Rücken. Dass manche Pferde da nicht gut mit umgehen können, ist kein Wunder. Es sind meist nur die besonders Leidensfähigen oder besonders Sturen, die bei dieser Arbeit nicht anfangen, aggressiv oder widersetzlich zu werden. Andere bauen Schutzmechanismen auf oder beginnen, sich zu wehren. Eigentlich sollte man allen Schulpferden ein Denkmal setzen, denn sie leisten etwas ganz Besonderes.
Selbstverständlich gibt es auch sehr gute Reitschulen, die auf ihre Schuldpferde achten.

Meiner Meinung nach versucht Attila, sich zu wehren, indem er den Menschen, die ihn aus der Box holen wollen (und von denen er wohl nichts Gutes erwartet ...), den Hintern zudreht und sie bedroht.

Dieses Verhalten nennt man defensives Drohen oder Verteidigungsdrohen.

Dabei sind dann auch die Ohren angelegt. Lässt sich der vermeintliche Angreifer nicht abschrecken, kommt als nächste Stufe das Anheben eines Hinterbeines, damit will das Pferd sagen: »Du, ich meine es ernst. Wenn Du jetzt nicht weggehst, passiert Schlimmeres.« Das »Schlimmere« ist dann der Verteidigungsangriff. Dabei attackiert der Verteidiger den Angreifer durch Ausschlagen mit den Hinterbeinen.
Ein ganz natürliches Verhalten, mit dem Pferde Angreifer abwehren, aber auch etwas verteidigen. Das könnte z. B. ein angestammter Futterplatz oder Futter generell sein. Bei Stuten, das Verteidigen des Fohlens oder der eigenen Box als Revierverteidigung.

Wenn Attila dieses Verhalten zeigt, ist das zwar verständlich, aber trotzdem nicht zu akzeptieren. Er muss lernen, dass der Mensch »oberste Autorität« ist und auf keinen Fall angegriffen werden darf.

Allerdings ist es nicht ratsam, sich einem Pferd von hinten zu nähern, wenn dieses einem bereits warnend die Hinterhand zeigt.

Der erste Schritt zu einer erfolgreichen Partnerschaft mit Pferden ist immer das Klären der Leitungsfrage.

Egal ob Attila das Verhalten zeigt, weil er seine Box als sein Revier verteidigen möchte oder weil er Angst vor den zu erwartenden Torturen der nächsten Reitstunde hat, der Lösungsansatz ist in der Leitungsfrage zu finden.

Das Pferd muss lernen, dem Menschen zu folgen oder ihm zu weichen. Dazu gibt es Übungen, die alle in Anlehnung an die natürlichen Gesetzmäßigkeiten im Herdenmiteinander entstanden sind.

Es ist sinnvoll, das Ganze von der sicheren Seite anzugehen. Und sicher heißt zunächst einmal, den Kopf des Pferdes unter Kontrolle zu bekommen. Kontrolliere ich diesen, bin ich vor Angriffen durch dessen Hinterhand geschützt.

Ich würde in diesem Fall das Pferd ganz unspektakulär mit Futter an die Boxentüre locken. Dann würde ich es aufhalftern, um es über den Führstrick kontrollieren zu können. So kann es mir nicht seinen Hintern zudrehen. Ein wenig Streicheln oder Fell schubbern, ein paar freundliche Worte tun das ihre.

Überhaupt habe ich mir zur Gewohnheit gemacht, das Pferd, das ich gerade zur Arbeit abholen möchte, zunächst mit einem Stück Brot oder sonst einem Leckerli zu begrüßen. Das schafft eine freundliche Ausgangsatmosphäre und will sagen: »Hallo, mein Freund, da bist du ja, schön, dass es dich gibt.« Ebenso mache ich es beim Entlassen aus der Arbeit. Ich bringe das Pferd in den Auslauf oder wo immer es gerade wohnt und lasse es mit dem Kopf zum Ausgang stehen. Es erhält dann noch ein Leckerli und ein paar Streicheleinheiten, damit möchte ich ihm

sagen: »Danke, dass du mit mir gearbeitet hast.« So erhalte ich ein Pferd, das sich mir stets zuwendet, weil die Begegnung mit mir positiv ist.

Natürlich kläre ich über diese kleine Zeremonie nicht die Leitungsfrage, aber es eröffnet mir einen ungefähren Zugang zum Pferd. Dazu muss dann aber eine sachgemäße Arbeit kommen und

> *Dieser kleine Trick kann das Aufhalftern wesentlich erleichtern. Um an den ersehnten Apfel zu kommen, muss das Pferd seinen Kopf zunächst durch das Halfter stecken. Dann ziehe ich ihm das Nackenstück geschickt über die Ohren.*

Lässt das Pferd den Menschen nicht in die Box und bedroht ihn mit der Hinterhand, ist es unvernünftig, diese Warnung zu ignorieren, das könnte schmerzhafte Folgen haben. Besser ist es, das Pferd zunächst zur Boxentür zu locken, um es dort aufhalftern zu können. Kontrolliere ich den Kopf des Pferdes, kontrolliere ich auch dessen Hinterhand.

viele Übungen, um wirklich die Verhältnisse zu klären.

Eigentlich wäre es sinnvoll, jeden Reitschüler am Boden zunächst im Umgang mit dem Pferd zu unterrichten, der der Natur entspricht, bevor man ihn in den Sattel lässt.

An der Aussage »Die Verhältnisse klärt man am Boden oder nie.« ist eine Menge Wahres dran. Leider kommt das Thema Bodenarbeit in den meisten Reitställen viel zu kurz. Hier beschränkt man sich darauf, dem Schüler beizubringen, wie man das Pferd vom Rücken aus »bedient«.

10

Sam greift an, wenn ich ein anderes Pferd von der Weide holen will

10. Sam greift an, wenn ich ein anderes Pferd von der Weide holen will

Problemvorstellung

Sam ist ein 4-jähriger Wallach. Er kam aus sehr schlechten Haltungsbedingungen und war für seine Besitzer ein echter Mitleidskauf. Er wurde aufgepäppelt und in die Herde integriert. Seit einiger Zeit zeigt er nun folgendes Verhalten: Immer wenn seine Besitzer ein anderes Pferd von der Weide holen wollen, greift er es an und bringt auch die Personen dabei in arge Bedrängnis.

In der Rangordnung ist Sam an zweit oberster Stelle und gerade dabei, auf Platz eins vorzurücken. Unter dem Sattel macht sich das Pferd gut, obwohl er eigentlich gar nie richtig eingeritten wurde.

Lösungsvorschlag

In der Rangordnung, die sich derzeit verändert, liegt das Problem versteckt. Sam hat sich eine Herde erobert, er ist gerade dabei, »Chef« zu werden. Die anderen Herdenmitglieder werden zu seinen Untergebenen. Das alte Leittier verliert derzeit seine Position. Sein Erfolg macht ihn stark und selbstsicher. Er will es auf keinen Fall zulassen, dass er diese Errungenschaft wieder abgeben muss, auch nicht an irgendwelche Menschen. Will nun jemand ein Pferd von der Weide holen, versucht Sam ihm dieses wieder abzujagen und zur Herde zurückzutreiben. Er versucht, seine Herde zusammenzuhalten. Ein ganz natürlicher und im Grunde genommen auch ehrenwerter Vorgang, demonstriert er doch damit auch Verantwortung für seine Herde.

Nur, versucht er dem Menschen ein Pferd abzujagen, stellt er damit auch dessen Autorität in Frage. Hier liegt die Gefahr. Lässt sich der Mensch einschüchtern und zieht sich zurück, hat er dem Pferd recht gegeben. Da Pferde bekanntlich das lernen, womit sie Erfolg haben, wird Sam ermutigt, in seiner Strategie fortzufahren. Mit zunehmendem Erfolg wird es immer schwieriger werden, ein Pferd von der Koppel zu holen. Ebenso wird der Umgang mit Sam zunehmend konfliktreicher. Wird hier das Verhalten von Sam nicht umgehend gestoppt, wird das Ganze eskalieren.

Genau die gleiche Karriere hatte mein eigenes Pferd Survivor bei seiner Vorbesitzerin eingeschlagen. Nur war es hier wirklich zu einer Eskalation gekommen. Als 3-jähriger war Survivor direkt vom Züchter zu mir zum Einreiten gebracht worden. Nach einer mehrwöchigen, erfolgreich verlaufenen Grundausbildung holte ihn seine neue Besitzerin und brachte ihn in einem nahe gelegenen Pensionsstall unter.

Da er ein sehr dominantes Pferd ist, hatte er binnen kürzester Zeit die ganze Herde des Hofes unter seiner Herrschaft. Auch er begann, den Besitzern ihre Pferde abzujagen, wenn sie diese zum Reiten von der Weide holen wollten. Damit hatte er großen Erfolg. Der Erfolg gab ihm Recht. Bald traute sich keiner mehr auf die Weide, was seiner Besitzerin eine Menge Ärger einbrachte. Auch bekam sie selbst zunehmend Probleme mit ihm. Sowohl beim Reiten, als auch in der Bodenarbeit oder im ganz normalen Umgang widersetzte er sich mit wachsendem Erfolg. Dieser Kerl war ihr über und so versuchte sie, ihn wieder loszuwerden.

73

Versucht das Leittier einer Herde, den Menschen zu bedrohen, wenn dieser ein Pferd aus der Herde holen will, ist das eigentlich ein lobenswerter Vorgang. Es zeigt, dass es seine Verantwortung wahrnimmt und seine Herde beschützt. Trotzdem sollten wir das keinesfalls akzeptieren.
Alle Pferde sollten lernen, dass der Mensch grundsätzlich oberste Autorität ist, auch das Leittier. Notfalls muss der Mensch hier tatsächlich auch mal zu härteren Maßnahmen greifen, um das Leittier in seine Schranken zu verweisen.

Kurzerhand nahmen wir einen Tausch vor. Ich übernahm Survivor, und sie erhielt von mir ein anderes, etwas älteres und weniger dominantes Pferd.

In unserer Herde versuchte er dann das Gleiche. Auch hier hatte er ohne Probleme in kürzester Zeit die Chefposition eingenommen. Unsere Pensionspferdebesitzer erhielten die Anweisung, beim Holen ihrer Pferde eine lange Peitsche mitzunehmen und davon Gebrauch zu machen, falls Survivor angreifen würde. Und er kam. Der Einsatz der Peitsche war für ihn so überraschend, dass das Thema von einer Minute auf die andere erledigt war. Sabine, eine unserer Einstellerinnen, hatte ihren Job so perfekt gemacht, dass er nie mehr versucht hatte, jemandem ein Pferd abzujagen.

Es gibt Situationen, in denen auch Gewalt als Mittel legitim, ja sogar notwendig, sein kann. Wenngleich ich es grundsätzlich ablehne, Dinge durch Gewalt klären zu wollen.

Ein Motto von mir lautet: Gewalt beginnt, wo Wissen endet.

Und tatsächlich ist es so: Wenn jemand keine Argumente mehr hat, schlägt er drauf. Viel besser ist es, wenn wir die Dinge auf einem anderen Weg regeln können, nur gehört dazu das nötige Wissen. Versuchen wir aber auf der Gewaltschiene Probleme mit Pferden zu regeln, haben diese meist die besseren Argumente, denn sie sind stärker.

Wenn es zu groben Respektlosigkeiten von Seiten des Pferdes kommt, nützen aber meist andere Argumente nichts. In diesem absoluten Ausnahmefall müssen dann auch mal »schlagende Argumente« zum Einsatz kommen. Es ist erstaunlich, welchen bleibenden Eindruck diese dann hinterlassen können.

Tinker Charly
– Probleme
beim Hufegeben
und Schmied

11. Tinker Charly — Probleme beim Hufegeben und Schmied

Problemvorstellung

Sandra ist mit ihrem Tinker Charly gerne im Gelände unterwegs. Sie liebt die Natur und es gibt für sie nichts Schöneres, als sie mit Charly gemeinsam zu genießen. Manchmal nimmt sie sogar an mehrtägigen Wanderritten teil. Da sie oft lange Strecken miteinander zurücklegen und das auf nicht immer weichen Wegen, werden Charlys Hufe ganz schön beansprucht. Ohne einen ordentlichen Hufbeschlag geht da nichts.

Charly ist grundsätzlich ein nettes Pferd, er mag nur keine Berührungen an seiner Hinterhand. Nicht selten kommt es vor, dass er auf eine bloße Berührung, gezielt nach dem Menschen auskickt. Zum Beschlagen muss jedes Mal der Tierarzt kommen, um ihm ein Beruhigungsmittel zu verabreichen. Oft genug tickt er dann trotzdem aus.

Sandras Hufschmied kommt alle acht bis zehn Wochen, um den Beschlag zu erneuern. Schon Tage vorher hat Sandra Bauchschmerzen, ihr ist übel und sie kann nicht schlafen. Der Schmied hat Sandra angekündigt, Charly in Zukunft nicht mehr zu beschlagen, wenn sich an dessen Verhalten nichts ändert. Sandra ist ratlos, was kann sie tun?

Lösungsvorschlag

Sicher gibt es für Charlys Verhalten einen Grund. Vermutlich hat dieser Grund zwei Beine und heißt Mensch. Ein eigentlich gutmütiges Tier reagiert nicht in dieser Weise, wenn in der Vergangenheit nicht etwas vorgefallen ist, was es dazu veranlasst.

Gerade bei Importpferden erlebt man immer wieder solch extremes Verhalten.

Charly muss als Erstes lernen, Berührung an seiner Hinterhand zu akzeptieren. Im nächsten Schritt muss es für ihn zur normalsten Sache der Welt werden, das Bein auf Anfrage zu heben. Drittens muss er zulassen, dass seine Hufe bearbeitet werden.

Schlägt ein Pferd bei Berührung mit den Hinterbeinen aus, korrigiere ich es am erfolgreichsten dadurch, das ich es schlagen lasse. Auch hier ist es wieder eine Frage des Erfolges, was das Pferd lernt. Wird es durch Ausschlagen die unerwünschte Berührung durch den Menschen los, lernt es auszuschlagen. Hat es keinen Erfolg damit, ist die Chance groß, dass es dieses Verhalten lässt.

Da es unklug ist, sich direkt den schlagenden Hinterbeinen eines Pferdes auszusetzen, macht es Sinn, diese Berührung zunächst mit einem »Hilfsmittel« vorzunehmen. Ich benutze dazu den bereits zuvor vorgestellten »Armverlängerer«, den an einem Stock befestigten ausgestopften Handschuh. Mit dieser »dritten Hand« kann ich gefahrlos am Pferd arbeiten, ohne das dieses mir weh tun kann.

Das Pferd ist fürs Training mit Knotenhalfter und Arbeitsseil ausgerüstet, so kann ich es im Bedarfsfall besser kontrollieren.

Los geht's ...

Will ich am linken Hinterbein arbeiten, stehe ich auf der linken Seite in Höhe des Pferdekopfes mit

Blickrichtung zur Hinterhand. Wenn ich auf der anderen Seite arbeite, stehe ich entsprechend.

Mit meiner linken Hand halte ich das Pferd am Arbeitsseil, in meiner rechten befindet sich der Armverlängerer. Mit diesem beginne ich nun, das Pferd aus sicherer Entfernung zu berühren. Dabei fange ich am Rücken an, gehe weiter zur Kruppe, zum Oberschenkel und am Hinterbein hinunter Richtung Huf. Dabei sollte die Berührung fest, aber nicht grob sein. Schlägt das Pferd aus, lasse ich mich nicht irritieren, die Hand bleibt dran.

Nach einigen erfolglosen Versuchen wird das Pferd bald merken, dass durch das Austreten die lästige Hand nicht verschwindet. Es wird kurz innehalten. Sofort nehme ich den Armverlängerer weg und lobe es überschwänglich.

Diesen Vorgang wiederhole ich so lange, bis das Pferd keine aggressive Reaktion mehr auf Berührung zeigt. Je nach Schwere des Falles kann das ein paar Tage dauern.

Wichtig ist, dass der vermeintliche Störfaktor »Hand« nur dann verschwindet, wenn das Pferd nicht tritt. Es wird also für das Akzeptieren belohnt und sich bald an die Berührung gewöhnen. Schlägt es, weil es vorher schlechte Erfahrung mit der rüden Behandlung von Menschen gemacht hat, wird es so wieder Vertrauen zur Menschenhand bekommen.

Mit zunehmender Akzeptanz des Pferdes werde ich immer näher an die gefährliche Hinterhand gehen und sie schließlich mit meiner eigenen Hand anfassen können, ohne Angst haben zu müssen, getreten zu werden.

Im nächsten Ausbildungsschritt soll das Pferd lernen, auf meine Aufforderung hin brav den Huf zu geben. Dazu stehe ich seitlich am entsprechenden

Bein und lasse meine Hand wieder vom Rücken, über die Kruppe hinunter zum Fesselgelenk des Pferdes gleiten. Durch leichtes Klopfen am Gelenk versuche ich, das Pferd dazu zu veranlassen, das Bein zu heben. Gleichzeitig gebe ich ein verbales Kommando wie Fuß, Huf oder Ähnliches. Reagiert es nicht, kann es hilfreich sein, mit zwei Fingern links und rechts auf die Sehnenansätze des Fesselgelenkes zu drücken, um so einen Reflex für das Heben des Beines auszulösen. Manchmal hilft es auch, wenn ich mit meiner Schulter leicht gegen das Pferd schiebe, sodass es sein Gewicht von dem betreffenden Bein nimmt und auf das gegenüberliegende verlagert.

Nimmt das Pferd den Huf hoch, halte ich diesen kurz mit meiner Hand, lobe es begeistert und setze ihn wieder sanft ab. Durch regelmäßiges Üben und langsames Verlängern der Anhebedauer wird das Pferd bald willig und immer sicherer seinen Huf geben.

Als weitere Möglichkeit kann man das Hufegeben auch mit Hilfe eines Arbeitsseiles üben. Dazu braucht man viel Erfahrung. Also bitte nicht als Anfänger ausprobieren. Da das Seil, mit dem ich arbeite, fast vier Meter lang ist, kann ich es gleichzeitig einsetzen, um das Pferd am Kopf zu kontrollieren, aber auch um damit an der Hinterhand zu arbeiten.

Gehen wir davon aus, dass das Pferd lernen soll, das linke Hinterbein zu geben. Dazu stehe ich frontal zu ihm und halte in der linken Hand das Arbeitsseil. Meine rechte Hand gleitet über seinen Rücken, seine Hinterhand und von hinten zwischen die Oberschenkel. Während ich es hier ein wenig kraule, gebe ich mit meiner linken Hand das Ende des Arbeitsseiles von vorne zwischen den beiden Hinterbeinen durch. Schnell fasse ich es mit der rechten Hand und beeile mich, wieder an den Kopf des Pferdes zu kommen, bevor es das Seil an seinem Hinterbein bemerkt. Das Seil liegt nun in einer losen Schlinge um den oberen Teil des Hinterbeines und wird von meiner rechten Hand gehalten, meine linke kontrolliert den Kopf.

Besonders sensible, ängstliche oder auch widerspenstige Pferde neigen bei dieser Übung schon mal leicht zu Überreaktionen. Sie wollen dann vor der vermeintlichen Bedrohung am Hinterbein weglaufen und drehen sich dabei mehr oder weniger panisch mit der Hinterhand um die Vorhand.

Regt sich ein Pferd auf, gehe ich gar nicht weiter darauf ein. Ich kontrolliere es am Kopf und warte, bis es von alleine ruhiger wird. Ich setze es bewusst dieser Situation aus, damit es lernen kann, dass ihm das Seil an seiner Hinterhand nichts tut. Auch das ist ein Vorgang der Gewöhnung oder Desensibilisierung.

Diese Erfahrung nutzt dem Pferd, nicht nur im Hinblick auf das Thema »Hufe«. Auch für Situationen, in denen sich ein Pferd vielleicht mal in eine Longe verwickelt, im Zügel verfängt oder über einen Zugstrang tritt, ist sie hilfreich.
Hat das Pferd sich wieder beruhigt, fahre ich fort, indem ich das Seil an seinem Bein hin und her bewege, um es auch daran zu gewöhnen. Mit zunehmender Akzeptanz lasse ich es weiter nach unten gleiten, bis es schließlich in der Fesselbeuge liegt. Ein Fehler wäre es, im Konfliktfall durch vermehrten Zug an der Seilschlinge, das Pferd festhalten zu wollen. Das führt dann erst recht zur Panik. Lasse ich hingegen das Seil einfach los, lernt das Pferd, dass Überreaktion eine Lösung ist, um unliebsame Dinge loszuwerden. Das wäre der falsche Lernerfolg. Ich lasse das Seil einfach locker um

das Bein herum angelegt, während ich das Pferd am Kopf mit Hilfe des Halfters kontrolliere. Nur so lernt es, positiv mit der Situation umzugehen.

Duldet es das Seil in der Fesselbeuge, beginne ich damit, das Hinterbein mit Hilfe des Seiles nach vorne und oben unter den Bauch zu ziehen. Das Pferd soll lernen, sich das Bein entspannt und ohne Gegenwehr anheben zu lassen. Versucht es, nach hinten zu zerren, halte ich gegen. Ist es entspannt, lasse ich das Bein langsam zu Boden gleiten. So lernt das Pferd, dass es viel komfortabler ist, sich zu entspannen, als sich aufzuregen. Meist dauert es nicht lange und das Pferd lässt sich willig und ohne Aufregung das Bein nach vorne anheben. Durch diese Übung lernt es außerdem, sein Hinterbein für die Hufpflege auf einem Bock aufzulegen.
In einem nächsten Schritt beginne ich mit Hilfe des Seiles, das Bein auch nach hinten anzuheben (siehe Foto Seite 83 oben).

Beim Hufschmied — die letzte Hürde
Hat Charly gelernt, sich an der Hinterhand anfassen zu lassen und auf Anfrage willig das Bein zu heben, sollte er jetzt auf den Hufschmied-Termin vorbereitet werden. Da es sein kann, dass sein panisches Verhalten auf eine schmerzhafte Erfahrung, z. B. durch Vernageln beim Hufebeschlagen, zurückzuführen ist, ist es anzunehmen, dass dieses Training länger dauern wird.
Charly muss akzeptieren lernen, dass an seinem Huf gearbeitet wird. In solchen Fällen gehe ich folgendermaßen vor: Ich beginne damit, mich an einem Huf zu schaffen zu machen. Mit dem Hufkratzer bearbeite ich die Strahlfurchen und reinige mit einer Bürste die Hufsohle. Dann beginne ich damit, mit einem stupfen Gegenstand zunächst leicht, später etwas fester von unten auf den Huf zu klopfen. Ist das Pferd kooperativ und akzeptiert es

Dieser Warmblüter hat ein Problem damit, sich am Hinterbein anfassen zu lassen. Sinnvoll ist es hier, mit der verlängerten Hand zu arbeiten, ist diese doch schmerzunempfindlich. So kann ich das Pferd anfassen, ohne dass es mir Schaden zufügen kann.

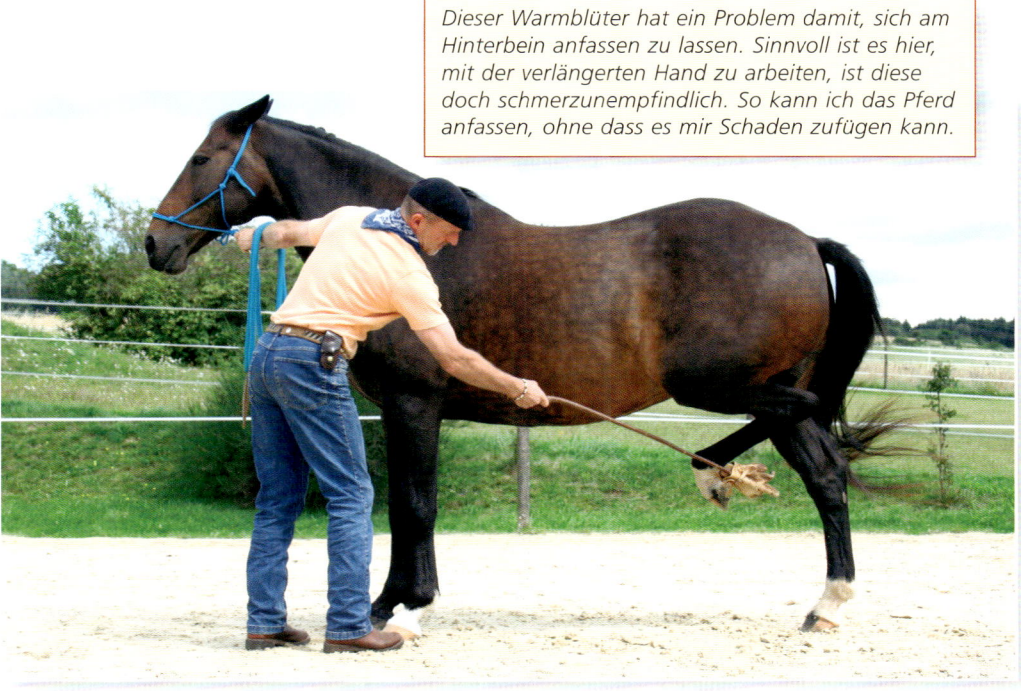

79

Hier ist es sinnvoll, mich, zunächst von der Schulter ausgehend, langsam nach hinten zu arbeiten.

Von der Hinterhand ausgehend, beginne ich mit meiner künstlichen Hand, am Hinterbein herunterzustreichen. Dabei halte ich das Pferd vorne am Halfter, so kann ich es gut kontrollieren.

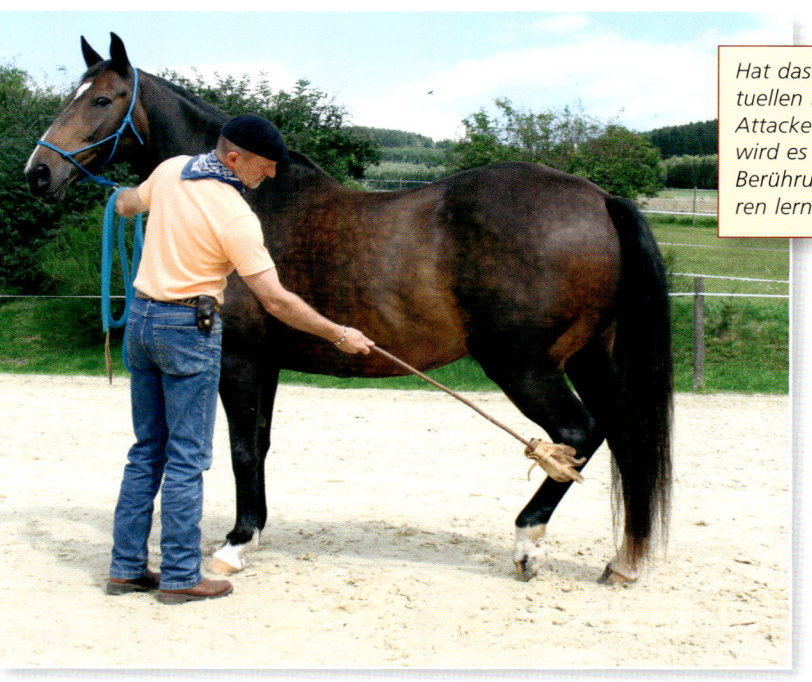

Hat das Pferd mit eventuellen »Hinterhand-Attacken« keinen Erfolg, wird es sehr bald die Berührung dort akzeptieren lernen.

Schon bald kann ich dazu übergehen, das Hinterbein auch mit meiner Hand anzufassen. Dabei habe ich das Pferd noch nicht angebunden, sondern halte das Arbeitsseil in der Hand. So kann ich, auch wenn ich hinten stehe, den Kopf des Pferdes kontrollieren.

Will ich das Pferd dazu animieren, auf meine Aufforderung hin das Bein anzuheben, ist eine Möglichkeit, ihm dabei mit zwei Fingern auf den Sehnenansatz oberhalb des Fesselgelenkes zu drücken.

Eine andere Möglichkeit ist es, dem Pferd das Bein mit Hilfe eines weichen Seiles hochzuziehen. Dabei verwende ich gerne das lange Arbeitsseil; mit diesem kann ich zwei Dinge verbinden: zum einen das Hochheben des Beines, zum anderen kann ich das Pferd damit gleichzeitig am Kopf kontrollieren. Als vorbereitende Lektion muss das Pferd aber zunächst lernen, das Seil an seinem Hinterbein zu dulden. Das ist allerdings keine Trainingsmethode, die von Anfängern durchgeführt werden sollte.

Macht das Anlegen des Seiles am Hinterbein keine Probleme mehr, kann ich damit beginnen, dieses langsam anzuheben. Mein Ziel ist es, dass das Pferd lernt, mir willig und ohne Gegenwehr das Bein zu geben. Immer, wenn dieses mit dem Bein am Seil zerrt, werde ich dagegen halten.
Entspannt sich das Pferd, werde ich versuchen, das Bein langsam und sanft, möglichst weit unter seinem Bauch abzusetzen.

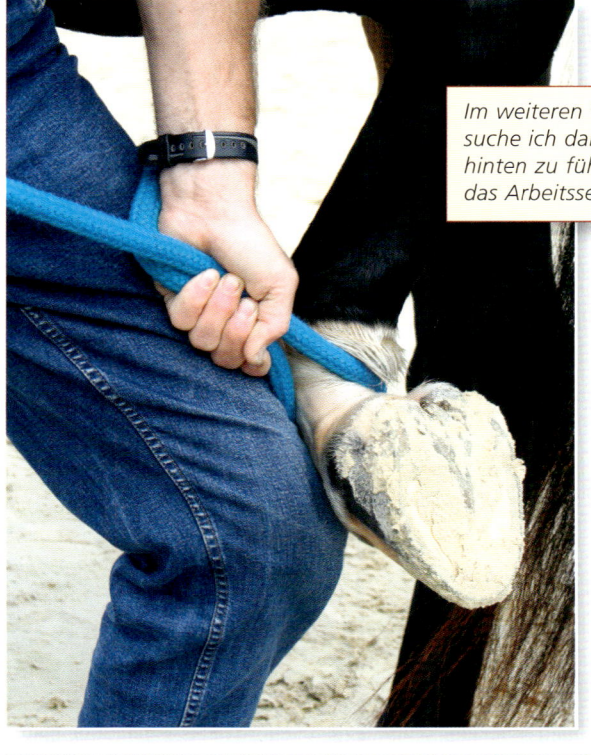

Im weiteren Verlauf dieser Arbeit versuche ich dann, das Bein auch nach hinten zu führen. Auch hierbei ist mir das Arbeitsseil eine große Hilfe.

83

So gut vorbereitet, kann ich das Bein mit Hilfe des Arbeitsseiles auch auf den Beschlagsbock setzen.

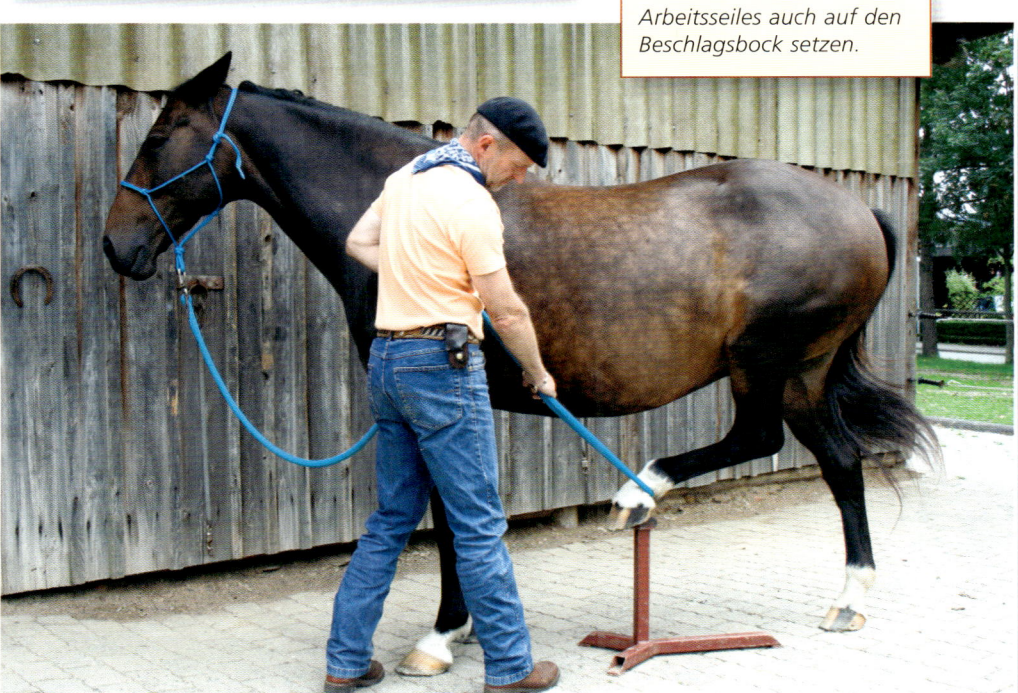

diese Einwirkungen, darf nicht mit Lob gespart werden. Beginnt es zu zappeln, versuche ich das Bein trotzdem zu halten, bis es damit aufhört und sich wieder entspannt. Sofort wird es gelobt und der Huf weich abgesetzt. Dann beginnt die Prozedur von vorne. Kann ich das Pferd nur schwer halten, kann mir ein spezieller Haltegurt gute Dienste leisten. Oder ich benutze mein Arbeitsseil, so wie ich es zuvor beschrieben habe.

Immer wenn ich im Training nicht weiterkomme, gehe ich ein Stück zurück, um wieder an den Basisübungen zu arbeiten.

Dieses Thema ist zu wichtig, um es durch Ungeduld oder eine schlechte Arbeitsweise nicht entsprechend lösen zu können.

Widersetzt sich das Pferd, ist es falsch, beschwichtigend auf es einzureden. Sanfte Töne kommen beim Pferd wie Lob an. Wird man für etwas gelobt, tut man es das nächste Mal wieder, denn Lob ist angenehm und bestätigt eine Sache. Hier ist eine Ermahnung mit fester Stimme viel wirkungsvoller. Besinnt sich das Pferd, dann ist selbstverständlich Loben mit sanfter Stimme angesagt.

Wird der Huf immer sofort losgelassen, sobald das Pferd zu zappeln beginnt, wird es das Zappeln nie lassen.

Mit der Zeit und mit zunehmender Akzeptanz steigere ich die Einwirkungen am Huf. Ich nehme einen leichten Hammer und klopfe mit ihm etwas daran herum. Im nächsten Schritt lege ich ein Hufeisen lose auf und klopfe darauf. Immer wieder lobe ich das Pferd, wenn es kooperativ ist. In sehr schwierigen Fällen kann es auch helfen, wenn eine zweite Person an dessen Kopf steht und das Lob

Nachdem das Pferd gelernt hat, sich an der Hinterhand anfassen zu lassen und auch auf meine Aufforderung hin sein Bein anzuheben, soll es jetzt die Arbeit an seinen Hufen akzeptieren lernen.
Sind weiche Kratz- und Schabeeinwirkungen kein Problem mehr, werde ich nun damit beginnen, mit einem stumpfen Holzstück auf den Huf zu klopfen, um es so langsam auf das Aufnageln des Hufeisens vorzubereiten.

durch Futtergaben verstärkt. Das steigert nicht nur die Intensität des Lobes, sondern das Kauen trägt zur Entspannung des Pferdes bei und lenkt es ein wenig vom Geschehen am Huf ab.

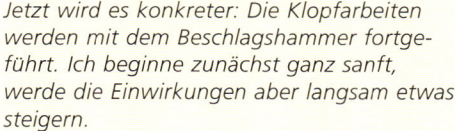

Jetzt wird es konkreter: Die Klopfarbeiten werden mit dem Beschlagshammer fortgeführt. Ich beginne zunächst ganz sanft, werde die Einwirkungen aber langsam etwas steigern.

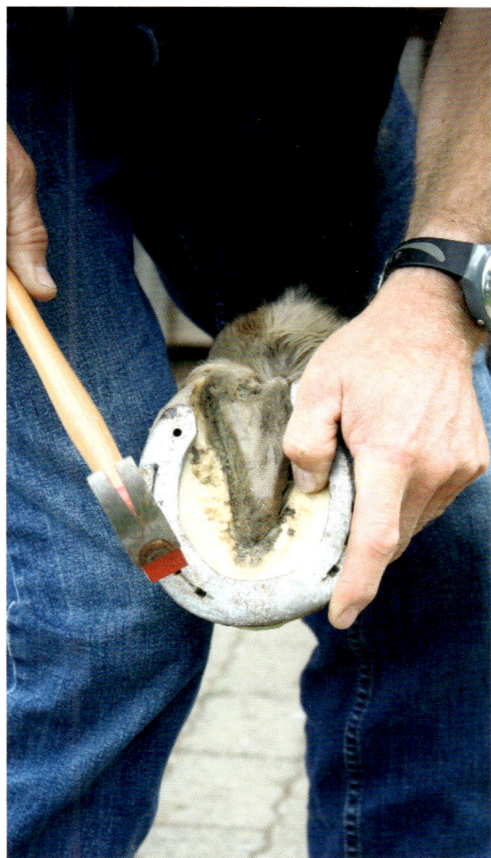

Um das Pferd an den metallenen Klang zu gewöhnen, der entsteht, wenn der Hammer auf dem Hufeisen auftrifft, lege ich ein altes Eisen lose auf den Huf und mache mir hieran mit dem Beschlagshammer zu schaffen.

Entwickelt sich das Training erfolgreich, ist es sinnvoll, auch fremde Personen mit einzubeziehen und an die Hufe zu lassen, damit das Pferd sich auch daran gewöhnt. Vielleicht lässt es sich mit dem Hufschmied vereinbaren, den nächsten Beschlag in Teiletappen vorzunehmen. Das kann eine Vertrauensbildung fördern und das Pferd wird nicht durch einen »Beschlagsmarathon« überfordert.

12

Senkrechtstarter
Dunja – Steiger
sind gefährlich

12. Senkrechtstarter Dunja – Steiger sind gefährlich

Problemvorstellung

Ich erhielt den Anruf eines älteren Herrn. Er stellte sich mir als langjähriger Welsh-Cob-Züchter vor, mit großen Zuchterfolgen. Noch nie hatte er größere Schwierigkeiten mit einem Pferd, eine 2-jährige Stute brachte ihn nun an seine Grenzen. Er bat mich darum, dieses Pferd für einige Zeit zu übernehmen, um es zu erziehen.

Erwartet hatte ich eine knackige, rahmige Welsh-Cob-Stute von mindestens 145 cm Stockmaß. Als die Hängerklappe aufging, war ich überrascht, entpuppte sich die Übeltäterin als ein Pony von höchstens 125 cm Größe. Sie war sehr hübsch: kastanienbraun, mit dicker, schwarzer wallender Mähne, großen dunklen Augen, einem wunderschönen Köpfchen und einem exzellenten Exterieur. So schön sie war, so eigensinnig war sie auch. Sie wusste genau, was sie wollte. Der Name Prinzesschen hätte gut zu ihr gepasst.

Wir luden sie aus und brachten sie auf ihre Weide. Alleine wollte sie dort nicht bleiben und versuchte sofort unter dem Elektrozaun hindurch zu entkommen. Das war uns zu gefährlich und wir beschlossen, ihr einen Weidekameraden dazu zu stellen. Wir wählten Rex aus, unser altes und lang gedientes Leittier. Was nun folgte, war nicht zu fassen. In aggressiver und sehr nachhaltiger Weise fing sie damit an, ihn zu tyrannisieren. Sie begann damit, ihn wie ein Hengst vor sich herzutreiben und »Cutting« mit ihm zu veranstalten. Das war zu viel, wir konnten es nicht mit ansehen, wie diese kleine Stute unseren ehrwürdigen alten Schimmel tyran-

nisierte. Kurzerhand entschlossen wir uns, Dunja in unserem fest umzäunten Round Pen unterzubringen. Dort wohnte sie die nächsten vier Wochen.

Am nächsten Tag begann ich, mit ihr zu arbeiten. Ich war erstaunt über so viel Widersetzlichkeit. In unserer erste Übung wollte ich die Rangordnung mit Hilfe der natürlichen Führpositionen festlegen (s. auch Fall 3). Ein fast unmögliches Unterfangen, so viel Hartnäckigkeit hatte ich noch nicht erlebt. Es kostete mich sehr viel Mühe, sie zu überzeugen, dass ihr Platz hinter mir war.

Als Nächstes sollte sie die Berührung mit der »Wundertüte« akzeptieren lernen. Dabei wurde es dann richtig turbulent. Berührte ich sie an der Brust, schlug sie mit den Vorderbeinen danach. Berührte ich sie an der Kruppe, feuerte sie mit der Hinterhand aus. Berührte ich sie am Bauch, sprang sie mit allen Vieren in die Luft und eine Berührung am Hals ließ sie steigen.

Was mich besonders erstaunte, war ein Verhalten, das man so sonst nur bei Hengsten oder Wallachen sieht, wenn sie miteinander kämpfen. Dabei beißen sie sich gegenseitig in die Beine oder Beingelenke, um den anderen in die »Knie« zu zwingen. Der so Attackierte versucht dann, dem Biss des Gegners zu entkommen, indem er sich auf die Karpalgelenke wirft. Erfolgt ein Biss in die Hinterbeine, kann man schon mal beobachten, dass ein Pferd sich einfach auf den Po setzt. Dunja zeigte genau diese Reaktionen. Beim Berühren mit der Tüte an den Karpalgelenken warf sie sich sofort auf diese nieder, beim Berühren an den Sprunggelenken setzte sie sich hin. So was hatte ich noch nicht erlebt, besonders nicht bei einer Stute – ich war ziemlich irritiert. Nur gut, dass Dunja ein Knotenhalfter mit einem langen Arbeitsseil trug. So konnte ich sie trotz aller Kapriolen kontrollieren und auch schon mal »Seil geben«, wenn es zu turbulent wurde, ohne die Kontrolle über sie zu verlieren. Nicht auszudenken, wenn Dunja eine 170 cm große Warmblutstute gewesen wäre.

Dieses extreme Verhalten hatte mich neugierig gemacht, ich wollte mehr über die Geschichte dieses kleinen Pferdes wissen. Ich rief den Besitzer an und bat ihn um Auskunft. »Ja wissen Sie«, erklärte er mir in bedächtiger Weise, »sie ist halt die Tochter einer sehr dominanten Stute und ein Inzuchtprodukt. Sicher habe ich sie auch ein wenig verwöhnt. Immer wenn ich etwas von ihr wollte, ist sie gestiegen, da habe ich sie halt gelassen ... Manchmal ist sie so heftig gestiegen, dass sie sich nach hinten überschlagen hat, aber auch das hat nicht geholfen.«

Dieses Pferdchen hatte also schon eine Menge in seinem kurzen Leben gelernt. Es hatte erkannt, dass Steigen eine Lösung für alles ist, was es nicht mag. Und es mochte vieles nicht. Als »Hochwohlgeborene« hatte die Stute das dominante Verhalten der Mutter geerbt. Vermutlich bedingt durch die Inzucht war sie mit einem sehr schwierigen Interieur ausgestattet. Das Verhalten des Besitzers war sozusagen noch das i-Tüpfelchen. Mir war klar: Hier lag ein heftiges Dominanzproblem vor.

Eine der schwierigsten Herausforderungen war sicher, dem Pferd das Steigen abzugewöhnen, denn dies hatte sich die Stute mit viel Erfolg zu ihrer Strategie gemacht. Steigende Pferde sind nicht ungefährlich. Also: Wie kann man einem Steiger das Steigen abgewöhnen?

Lösungsvorschlag

Dunja muss lernen, dass Steigen keine Lösung ist, um sich unliebsamen Dingen zu entziehen, und erkennen, dass Steigen ihr keinen Erfolg bringt.

Meine erste Lektion für das Pferd: Ich lasse es steigen. Wenn man so vorgeht, muss man sicherstellen, dass sich keine gefährlichen Gegenstände auf dem Trainingsplatz befinden.

Der Boden muss entsprechend weich sein, damit sich das Pferd bei heftigen Reaktionen nicht verletzen kann. Ich statte das Pferd wie bei allen übrigen Trainingssequenzen mit einem Knotenhalfter und dem langen Arbeitsseil aus.

Mein unterstützendes Arbeitsmittel ist die »Wundertüte«.

Der Stock, an dem die »Wundertüte« befestigt ist, muss der Größe des Pferdes angepasst werden, um mit entsprechendem Abstand arbeiten zu können.

Das Training

Ich stelle mich mit einem entsprechenden Abstand vor das Pferd hin. In der einen Hand halte ich das Arbeitsseil, in der anderen die »Wundertüte«. Ich möchte das Pferd mit der Wundertüte abstreichen.

Als ich bei der Stute damit anfing, sie mit der Wundertüte »auszulappen«, kannte ihre Aggression keine Grenzen. Sie schlug mir einige Male den Stock mit den Vorderbeinen aus der Hand. Ihre Reaktion war so heftig, dass sie – auf den Hinterbeinen laufend – auf mich zukam und mich bedrohte. Da sie das Knotenhalfter mit dem langen Arbeitsseil trug, konnte ich es mir leisten, sie steigen zu lassen, ohne selbst dabei in Gefahr zu geraten. Ich setzte meine Aktion unbeirrt fort. Sie stieg

Ein harter Brocken war die Ponystute Dunja. Sie hatte gelernt, dass Steigen eine Lösung ist, um sich vor allem zu drücken ... Nachdem ich ihr den Erfolg mit dem Steigen genommen hatte, wurde sie immer zugänglicher. Am Ende konnte man sie ohne Probleme mit Plastikplanen überdecken.

so heftig, dass sie sich nach hinten überschlug. Sie rappelte sich wieder auf. Das Spiel begann von vorne, wieder überschlug sie sich. Langsam wurde das Steigen weniger, sie wurde vorsichtiger, denn das wiederholte Nach-hinten-Umkippen hatte ihr nicht gefallen. Noch einige Male versuchte sie es mit dem Steigen, bis sie es schließlich ganz ließ.

Sie hatte gelernt, dass Steigen ihr keinen Vorteil mehr bringt.

Zusehens akzeptierte sie nun die Berührung mit der Tüte auch an den anderen Körperstellen. Wir fuhren fort mit unserem Horsemanship-Programm. Sie lernte, auf Fingerdruck in alle möglichen Richtungen zu weichen. Bald konnte ich sie mit Plastikplanen behängen oder sie darüber schicken. Sogar einen leichten Deckengurt konnte ich ihr schon auf den Rücken schnallen und

Plastikfetzen daran befestigen, ohne dass sie austickte. Und das Führen von vorne war bald kein Problem mehr.

Steigen ist eines der übelsten und gefährlichsten Verhaltensweisen von Pferden und nicht zu akzeptieren. Deswegen scheue ich mich auch nicht davor, ein Pferd sich im Extremfall bei dieser Aktion überschlagen zu lassen. Ich kenne keine wirkungsvollere Korrektur. Ein Pferd darf mit solch einer Verhaltensweise keinen Erfolg haben. Wenn ich aber bei beginnendem Steigen immer sofort meine Anforderungen zurücknehme, aus Angst, mein Pferd könnte sich überschlagen, wird es das Steigen nie lassen.

Trotzdem sehe ich steigende Pferde gerne und bringe es meinen Pferden als Lektion bei, verleiht es diesen doch einen majestätischen Ausdruck. Ich betone hier als Lektion! Das Steigen ist in diesem Fall abrufbar und kontrollierbar und wird nicht gegen mich verwendet. Ein Pferd, dem ich das Steigen beibringe, akzeptiert mich immer und in jeder Situation als »Leittier«.

Eine Möglichkeit, einen Steiger zu kurieren: ihn steigen lassen. Dabei scheue ich mich nicht, ihn zum Steigen zu bringen und zwar so lange, bis er keine Lust mehr dazu hat. Lernt der Steiger, dass er mit Steigen keinen Erfolg hat und dass er damit den Menschen nicht mehr beeindrucken kann, ist die Chance groß, dass er diese unliebsame Angewohnheit lässt.

13

Das Problem mit der Wurmkur

13. Das Problem mit der Wurmkur

Wurmbefall, ein ernstes Thema. Wenn man bedenkt, wie viel Pferde es heute gibt und wie viele Pferde auf kleinen Flächen leben. Aus welchen Ländern unsere Pferde heute kommen. Unter welchen Bedingungen sie dort oft aufgezogen werden. In manchen Aufzuchtländern ist das Wort Wurmkur ein Fremdwort. In unseren Pensionsställen herrscht ein Kommen und Gehen und der Austausch von Parasiten jeglicher Art hat Hochkonjunktur. Nur gut, dass man heute etwas dagegen tun kann.

Schade, dass man Pferden solche Berichte nicht zum Lesen geben kann. Oft wären sie dann einsichtiger, was das Einnehmen von Wurmpaste betrifft. Recht haben sie ja, wenn sie sich mitunter krampfhaft weigern, sich dieses übelschmeckende Zeug ins Maul spritzen zu lassen. Dann pressen sie die Lippen aufeinander, reißen den Kopf hoch oder schlagen unkontrolliert damit, manche steigen sogar. Meist ist dieses Verhalten eine reine Schutzmaßnahme, die Paste könnte ja giftig sein. Zudem sind Pferde ohnehin keine Freunde von schmierigem, klebrigem Essen. Schnell haben sie gelernt, bereits beim Anblick des Applikators auf Abwehrstellung zu gehen, wissen sie doch, was jetzt kommt.

Übung zur Eingabe einer Wurmkur

Eigentlich ist es ganz einfach, dem Pferd das Einnehmen von Wurmpaste schmackhaft zu machen. Ziehen Sie Ihrem Pferd ein Stallhalfter auf. So können Sie mit einer Hand das Pferd am Halfter halten und den Kopf ein wenig fixieren. Mit der anderen Hand nehmen Sie das Verabreichen des Spritzeninhaltes vor.

Sie benötigen für diese Trainingseinheit ein Glas Apfelmus. Nehmen Sie sich einen leeren Applikator (eine ausgediente größere Spritze geht auch) und säubern ihn von alten Pastenrückständen. Ziehen Sie die Spritze mit dem Apfelmus auf. Auch den Teil der Spritze, den das Pferd ins Maul geschoben bekommt, bestreichen Sie außen mit Apfelmus. Jetzt lassen Sie das Pferd zunächst mal an der Spritze kosten. Pferde lieben Apfelmus, daher wird auch Ihr Pferd bald an der Spritze schlecken. So löst es sich im Maul und öffnet es.

Nun beginnen Sie, über den Kolben der Spritze weiteres Apfelmus ins Pferdemaul zu befördern und dabei die Spritze selbst immer weiter ins Maul einzuführen. Lassen Sie das Pferd das Apfelmus ruhig genießen. Wiederholen Sie den Vorgang dann noch ein paar Mal. Auch in der Folgezeit sollten Sie Ihrem Pferd immer wieder diese Apfelmusspritze gönnen.

War das Pferd am Anfang skeptisch, wird sich so seine Einstellung zum Wurmkurapplikator bald ändern. Mein Pferd Fritz erhielt eine Zeit lang wohlschmeckenden Hustensaft mit einer Spritze ins Maul. Von diesem Zeitpunkt an machte er beim Anblick von Spritzen fast von alleine das Maul auf. Gut vorbereitet wird auch Ihr Pferd in Zukunft bereits beim Anblick der Spritze das Maul öffnen. Irgendwann enthält die Spritze dann anstatt Apfelmus Wurmpaste. Auch hierbei können Sie diese zunächst von außen mit Apfelmus präparieren. Noch ehe das Pferd den Unterschied merkt, hat es die Wurmpaste runtergeschluckt. In Zukunft wird die Spritze aber wieder Apfelmus enthalten. Das eine Mal Wurmpaste wird Ihr Pferd Ihnen nicht übel nehmen ...

Das Verabreichen von Wurmpaste behagt den meisten
Pferden nicht. Nicht wenige
wehren sich dabei heftig, ist
doch diese schmierige Paste
für sie eher ekelig. Bereits
wenn der Mensch mit der
Spritze kommt, versuchen sie
sich zu entziehen.

Machen Sie dem Pferd die
Wurmpaste schmackhaft.
Apfelmus eignet sich gut
dazu, dieses kann man in eine
Spritze aufziehen und dem
Pferd damit verabreichen. So
lernt es, die Spritze in seinem
Maul zu schätzen, enthält sie
doch jetzt immer einen wohl-
schmeckenden Inhalt.

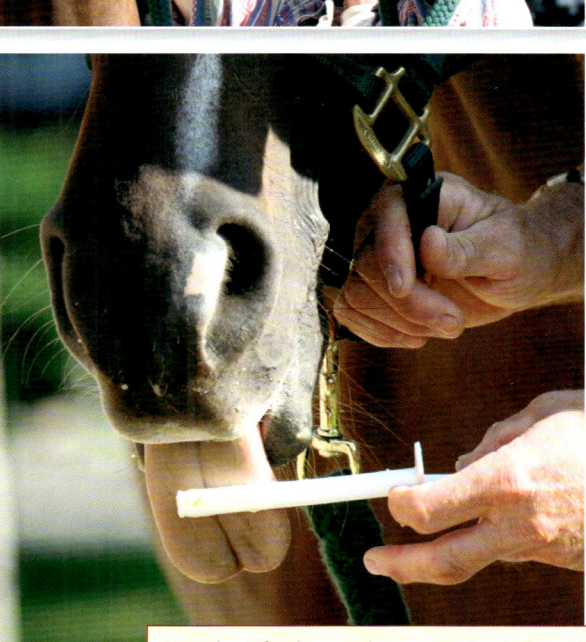

Um das Pferd zunächst von seiner alten Skepsis
zu befreien, trage ich Apfelmus auch außen
auf die Spritze auf und lasse es dieses able-
cken. Duldet es die Spritze dann zunehmend
an seinem Maul, kann ich auch dazu übergehen, sie mal ins Maul hineinzuschieben.

Bereits nach kurzer Zeit hat das Pferd gemerkt, dass es sehr angenehm sein kann, die Spritze in das Maul eingeführt zu bekommen, ist doch der Inhalt jetzt sehr viel leckerer als zuvor. Irgendwann ist es dann mal wieder Wurmpaste, die das Pferd verabreicht bekommt. Aber das ist nicht so tragisch, die Nächste enthält dann wieder Apfelmus.

Fritz

Es ist erstaunlich, welches Getier sich so alles im Körper unserer Pferde tummeln kann. Meistens handelt es sich dabei um irgendwelche Wurmarten. Da gibt es z. B. Spulwürmer und Bandwürmer, Peitschen-, Haken- und Lungenwürmer, Dasselfliegenlarven ...

Diese kleinen Viecher können im Inneren der Pferde einen ganz schönen Schaden anrichten. Nicht selten kommt es dadurch sogar zu Todesfällen. Dann setzen sich diese Würmer an den Darmwänden fest, zerstören Darmgewebe und lassen ganze Darmabschnitte absterben. Oder sie kommen in solchen Mengen vor, dass sie den Darm einfach verstopfen. Andere setzen sich in Leber oder Lunge fest und zerstören dort Gewebe.

Auch ich war davon betroffen. Meinen Schecken Fritz fanden wir eines Abends völlig apathisch und in einer Ecke der Weide liegend vor. Wir brachten ihn mehr schlecht als recht zurück in den Stall. Schon bald stellten wir fest, dass der Grund für seinen Zustand eine Darmkolik sein musste. Die Tierärztin bestätigte unsere Vermutung. Da sein Kreislauf bereits sehr instabil war, erhielt er neben allen nötigen Medikamenten zur Behandlung der Kolik auch Infusionen zur Kreislaufstabilisierung. Es half nichts, sein Zustand verbesserte sich nicht. Nach zweieinhalb Stunden Bemühungen ging es ihm genauso schlecht wie vorher. Die Tierärztin hatte alle ihr zur Verfügung stehenden Mittel ausgereizt, ambulant ging nichts mehr. Fritz litt sehr. Wir mussten uns entscheiden, ihn entweder sofort einschläfern zu lassen oder ihn in die Klinik zu bringen.

Mitten in der Nacht kamen wir dort an. Wieder wurden alle möglichen Untersuchungen und Behandlungen an ihm unternommen. Leider auch ohne den gewünschten Erfolg. Die letzte Chance war die Eröffnung der Bauchhöhle, um zu sehen, ob die Ursache operativ behoben werden konnte. Dabei wurde festgestellt, dass sich ein Teil des Darmes ineinander gestülpt hatte und dass dadurch bereits ein Stück des Darmes abgestorben war. Eine Heilungschance durch das Entfernen des zerstörten Darmabschnittes war da, aber sehr gering. Der Allgemeinzustand von Fritz war ebenfalls nicht gut, zudem war er auch nicht mehr der Jüngste. Seine Prognose war sehr schlecht. Wieder mussten wir uns entscheiden. Sollte die Operation trotz aller schlechten Vorzeichen durchgeführt werden oder wäre es besser, ihn in der Narkose sterben zu lassen. Wir wollten ihm weitere Qualen ersparen und entschieden uns für Letzteres.

Eine harte, eine schmerzhafte Entscheidung. Ist es an sich schon eine bedenkliche Sache, über Leben und Tod eines anderen Lebewesens zu entscheiden, war Fritz doch ein treuer Freund, ein Familienmitglied. Er war es, mit dem ich mich zusammen entwickelt hatte, er war es, mit dem ich bekannt geworden war. Er, der charmante, spitzbübische kleine Schecke, der so vielen Menschen Freude bereitet hatte.

Später erfuhren wir, dass der Grund für seine Kolik ein starker Bandwurmbefall war. Wir konnten es nicht verstehen, hatten wir ihn doch regelmäßig entwurmt. Allerdings war zu dieser Zeit eine generelle Entwurmung gegen Bandwürmer noch nicht üblich. Kurze Zeit später wurde dann auch dieses Standard.

95

Mein alter Freund Fritz. Der kleine, charmante, lustige Schecke war eine echte Persönlichkeit. Viel habe ich ihm zu verdanken. Umso schwerer war es, seinen Verlust zu verkraften.

Das Pferd von Frau Rosendahl kann nur unter starker Betäubung geschoren werden

14. Das Pferd von Frau Rosendahl kann nur unter starker Betäubung geschoren werden

Problemvorstellung

Frau Rosendahl hat sich an mich gewandt, da ihr Pferd nur unter starker Betäubung geschoren werden kann. Bei dem Tier handelt es sich um eine 16-jährige Warmblutstute. Sie ist ansonsten im Umgang brav.
Bisher wurde das Scheren von ihrem Stallmeister übernommen. Der möchte es aber künftig nicht mehr machen, da es ihm zu gefährlich geworden ist. Das Pferd bekommt ein dickes Winterfell. Wenn man es nicht scheren kann, ist es nicht mehr belastbar, da es sofort schwitzt.

Lösungsvorschlag

Das Verhalten mancher Pferdeleute ist mitunter erstaunlich. Da gibt es Pferde, die machen keine Probleme beim Verladen oder beim Abspritzen, beim Verabreichen von Wurmkuren oder Medikamenten oder beim Fellscheren. Dann wird gesagt: »Das Pferd macht das eben ...« Damit ist gemeint, dass das Pferd etwas von alleine macht. Diese Leute kommen gar nicht auf die Idee, dass sich da jemand viel Mühe gemacht haben könnte, dieses oder jenes mit seinem Pferd zu erarbeiten.
Dann gibt es Pferde, die manches nicht tun, aus welchem Grund auch immer. Die Bewertung dieser Leute: »Der macht das eben nicht ...« Dann werden Wege gesucht, wie man dieses Problem umgehen kann. Selten kommen solche Leute auf die Idee, nach einer Lösung zu suchen, wie man das Problem abstellen könnte.

Meist handelt es sich dabei um Probleme im alltäglichen Umgang oder in der grundsätzlichen Erziehung. Erstaunlicherweise bezahlen dieselben Leute oft teure Trainer, wenn es darum geht, Methoden zu erlernen, wie ihr Pferd seine Beine noch ein wenig höher nehmen kann oder wie die Piaffe noch ein wenig gesetzter wird. Schade, würden sie sich mehr mit den »einfachen Dingen« im Umgang mit ihren Pferden beschäftigen, ging es ihnen und ihren Pferden oft besser.
Im Grunde genommen geht es immer um den gleichen Themenkreis. Ob ich ein Pferd daran gewöhne, sich an den Ohren anfassen zu lassen, die Sprühflasche zu akzeptieren, Plastikfolie an seinem Körper zu dulden oder sich scheren zu lassen, die Logik ist immer die gleiche. Es geht um Desensibilisierung und Gewöhnung.

Wenn ich mich dazu entschließe, ein Pferd ruhig zu stellen, damit ich es scheren kann, dann behandle ich ein Symptom. Damit kann ich ein Problem vielleicht umgehen, aber nicht lösen. Oft genug erleben wir, dass das nur eine unzureichende Hilfe ist, wie auch bei Frau Rosendahls Pferd. Möchte ich hier wirklich Abhilfe schaffen, muss das Pferd lernen, die Schermaschine und auch den Vorgang des Scherens zu akzeptieren.

Dabei gehe ich folgendermaßen vor

Ich bereite das Training vor, indem ich das Pferd mit Knotenhalfter und Arbeitsseil ausstatte. Ich wähle eine geeignete Stelle zum Üben und lege mir die Schermaschine dort zurecht. Am besten einen Platz, der groß genug ist, dass das Pferd auch

Manche Leute scheren ihre Pferde im Winter. Das kann da sinnvoll sein, wo ein Pferd bei starker körperlicher Anstrengung in Folge eines zu dichten Felles sehr stark schwitzt. Allerdings gibt es Pferde, für die das Geschorenwerden Stress bedeutet. Bei Einzelnen geht das so weit, dass sie dabei vom Tierarzt sediert werden müssen.

99

mal zur Seite ausweichen kann, ohne sich an irgendwelchen Dingen zu verletzen. Nach Möglichkeit sollte hier eine Steckdose vorhanden sein, damit ich die Schermaschine im Bedarfsfall auch laufen lassen kann. Zunächst werde ich mit ihr am Pferd »Trockenübungen« machen. Das heißt, ich werde versuchen, die Schermaschine zu benutzen, um dem Pferd damit das Fell zu kraulen, ich baue einen Sozialkontakt damit auf. Dabei halte ich das Arbeitsseil in der einen Hand, um das Pferd kontrollieren zu können, mit der anderen halte ich die Schermaschine und reibe damit das Pferd am ganzen Körper ab. Akzeptiert es diese Behandlung, werde ich mit Lob nicht sparen. Regt es sich auf,

wäre es kontraproduktiv, das Pferd mit sanften Worten beruhigen zu wollen. Das Pferd würde dies als Bestätigung begreifen, da es die Worte nicht versteht, sondern nur den Klang der Stimme deuten kann. Spreche ich sanft auf das Pferd ein, empfindet es das als Lob.

Ist das Berühren des Pferdes mit der ausgeschalteten Schermaschine kein Problem mehr, werde ich fortfahren, es an das Motorengeräusch zu gewöhnen. Dazu stelle ich mich mit etwas Abstand neben das Pferd und halte es wie zuvor am Arbeitsseil. Dann stelle ich die Maschine an. Ich gehe davon aus, dass es das surrende, hochtourige Motorengeräusch ist, welches dem Pferde den größten Stress bereitet. In dieser Phase ist verstärkt damit zu rechnen, dass das Pferd versuchen wird, sein Heil in der Flucht zu suchen. Springt es einmal zur Seite weg, ist das nicht tragisch, ich gehe gar nicht darauf ein und lasse einfach den Motor weiter laufen. Dank des Knotenhalfters kann ich es kontrollieren und einfach ein Stück mit ihm gehen, wenn das Kabel lang genug ist ...

Falsch wäre es, sofort die Maschine abzustellen, wenn das Pferd sich aufregt. Auch hier gilt, wie bei allen Desensibilisierungsmaßnahmen: Das Pferd lernt das, womit es Erfolg hat. Hört das beängstigende Geräusch auf, wenn es sich aufregt, wird es lernen, dass Aufregen eine Lösung ist.

Das Pferd lernt nur mit dem Geräusch positiv umzugehen, wenn es sich dem aussetzen muss. Auch hier gilt, bei Erfolg nicht mit Lob sparen.

Ist es für Sie zu viel, das Pferd kontrollieren und die Maschine bedienen zu müssen, können Sie auch einen Helfer bitten, die Schermaschine zu übernehmen.

Sobald das Pferd das Motorengeräusch immer mehr toleriert, beginne ich damit, es an das Ein- und Ausschaltegeräusch zu gewöhnen. Das mache ich so lange, bis es nicht mehr auf die Geräusche reagiert.

Das Pferd braucht so lange, wie es braucht! Hier kann ich nichts forcieren, ich muss dem Pferd Zeit lassen. Nur so wird es ein dauerhafter Erfolg werden.

Danach werde ich versuchen, die beiden zuvor getrennt erarbeiteten Trainingselemente zusammen anzuwenden. Die laufende Maschine wird näher ans Pferd gebracht. Irgendwann werde ich es damit berühren können. Auch hier werde ich zunächst wieder Kontakt mit der jetzt laufenden Maschine herstellen. Wird der Kontakt akzeptiert, kann ich beginnen, meine ersten Scheraktionen durchzuführen.

Immer wieder werde ich das Pferd für seine Kooperation ausführlich loben, wobei die zusätzliche Gabe von Leckerli eine gute Unterstützung sein kann.

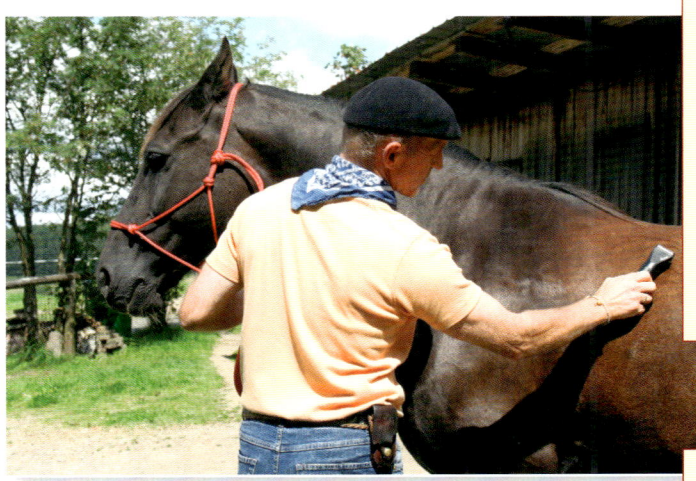

Für ängstliche Pferde sollte man ein Desensibilisierungs-Programm starten. Zunächst mache ich das betreffende Pferd mit der Schermaschine vertraut. Dabei setze ich diese bewusst ein und mache damit »Fellchen kraulen«. Ich reibe es überall am Körper mit der Maschine ab und gewöhne es so daran. Dem Pferd soll diese Prozedur gut tun ...

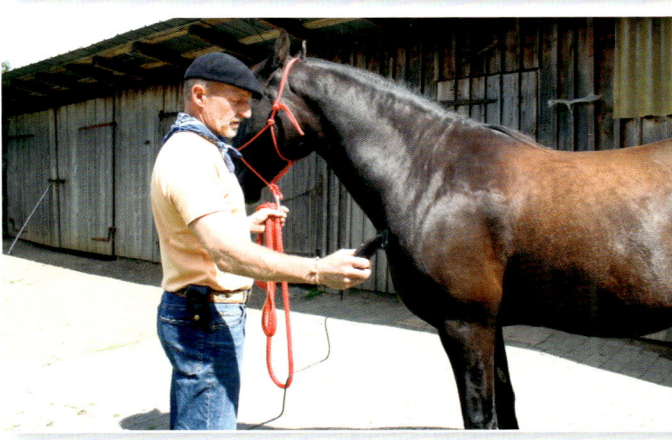

In einem zweiten Arbeitsgang lasse ich die Schermaschine in der Nähe des Pferdes laufen. Es ist oft das surrende Geräusch, das dem Pferd Stress bereitet. So kann es sich zunächst daran gewöhnen. Regt das Pferd sich auf, macht es keinen Sinn, beruhigend auf es einzureden. Das verbessert nicht die Situation, sondern gibt dem Pferd eine Art Bestätigung für seine überzogene Reaktion. Das Pferd versteht die Worte nicht, sondern nur den Tonfall und der kommt bei ihm an wie ein Lob.

Wurde das Pferd zunächst an die Berührung mit der Schermaschine gewöhnt und dann an das Geräusch, werde ich nun beides miteinander verbinden und die laufende Maschine direkt am Pferd zum Einsatz bringen. Hat ein Pferd große Panik bei dieser Anwendung, werde ich für den gesamten Vorgang eine längere Trainingszeit einkalkulieren müssen.

15

Haflinger Max
versteht keinen Spaß,
wenn es
um Futter geht

15. Haflinger Max versteht keinen Spaß, wenn es um Futter geht

Problemvorstellung

Max ist ein typischer Haflinger. Er steht mit allen vier Beinen im Leben und lässt sich so schnell von nichts erschüttern. Als Bergpferd ist er ein richtiger »Stehertyp« mit großem Selbstbewusstsein. Das macht ihn zu einer echten Persönlichkeit, was aber leider den Umgang mit ihm manchmal ein wenig erschwert. Gerade mit unsicheren Menschen treibt er so seine Spielchen und kann ganz schön aufsässig sein.

Besonders deutlich zeigt sich das, wenn seine Besitzerin Monika mit dem Kraftfuttereimer kommt. Dann drängt er mit angelegten Ohren zu ihr hin, fordert sein Futter ein und ist durch nichts zu bremsen. Ab diesem Zeitpunkt kennt er keine Freunde mehr. Wer sich ihm in den Weg stellt, wird platt gemacht. Gierig rammt er seinen dicken Schädel in den Eimer. Wehe, Monika gibt ihn nicht schnell genug frei, dann kann es passieren, dass er sie rücksichtslos mit dem Kopf wegstößt. Wenn es um sein Futter geht, versteht Max keinen Spaß.

Das macht Monika Angst, deshalb schiebt sie jetzt den Futtereimer einfach von außen unter dem Zaun durch in den Auslauf. Oder sie schaut, wo sich Max gerade aufhält. Wenn er weit genug weg ist, schlüpft sie schnell in den Auslauf, stellt den Eimer ab und zieht sich ebenso schnell wieder zurück, um sich nicht dem drohenden Futterkonflikt aussetzen zu müssen. Max hat sie somit voll im Griff. Das Verhalten von Monika ist ein aus dem Konflikt geborener Kompromiss, der bestimmt nicht zufriedenstellend ist. Max ist sich sicher, dass alles Futter der Welt ausschließlich ihm gehört.

Wenn er das in oben beschriebener Weise seiner Besitzerin abnötigt, demonstriert das eine gehörige Portion Respektlosigkeit ihr gegenüber. Und da er Erfolg mit seinem Verhalten hat, gibt ihm das die Bestätigung, dass er das Richtige tut.

Das Futter gehört immer dem Ranghöheren. So lauten die Naturgesetze und so fordern die Pferde es auch ein.

Ein einfaches Exempel wird Ihnen das schnell bestätigen. Nehmen Sie einen halben Eimer Hafer, gehen Sie damit in eine Pferdeherde und schütten diesen auf einen Haufen mitten in den Auslauf. Dann ziehen Sie sich zurück und beobachten, was passiert. Das sind übrigens sehr interessante Studien, durch die Sie viel Auskunft über die Rangordnung einer Herde und die Lebensstruktur der Pferde erhalten können.

Der Erste, der das Futter entdeckt, wird sich daran bedienen. Dabei werden dann meist auch andere Pferde darauf aufmerksam. War der erste das Leittier, werden die anderen sich hüten, vom Futter etwas abhaben zu wollen. Versuchen sie es dennoch, wird das Leittier das Futter sehr nachdrücklich verteidigen.

War der Erste ein eher rangniedriges Pferd, kann man nun beobachten, dass es rigoros vom Futterplatz vertrieben wird. Vielleicht ist es jetzt der nächst Höhere aus der Herdenhierarchie, der sich am Futter gütlich tut. Aber auch der wird weichen müssen. Das kann noch ein paar Mal wechseln, je nachdem, wie schnell der Chef vom zusätzlichen Haferangebot Wind bekommt.

103

Am Ende wird es das ranghöchste Tier der Herde sein, das den alleinigen Anspruch auf das Futter durchsetzt und vor dem alle anderen zurückstehen müssen. Erst wenn dieses satt ist, dürfen auch die anderen ran.

Betrachten wir das Ganze unter menschlich ethischen Gesichtspunkten, würden wir wahrscheinlich das Beobachtete als unsozial verurteilen. Aber dieses Verhalten hat nichts mit Gemeinheit, sondern mit der Existenzfähigkeit eines gesamten Bestandes zu tun. Nur ein Leittier, das gesund und leistungsfähig ist, kann seinen Job zufriedenstellend ausführen und somit der ganzen Herde dienen. Und dazu gehört nun mal ausreichende Nahrung. Leiten heißt nicht in erster Linie mehr Rechte zu haben, sondern mehr Pflichten. Natürlich sollte dann derjenige, der die meiste Arbeit macht und die Verantwortung trägt auch gewisse Privilegien haben.

Zurück zu Monika. Lässt diese sich in der oben beschriebenen Weise von Max das Futter abjagen, braucht man nicht lange darüber nachzudenken, wer hier das Sagen hat. Je mehr sie sich von ihrem Pferd bedrängen lässt, umso weniger wird dieses sie respektieren. Das wirkt sich auf das gesamte Miteinander aus.

Wer nicht geachtet wird, von dem nimmt man auch keine Anweisungen entgegen. Denn wer leitet, entscheidet.

So ist es naheliegend, dass Monika auch in anderen Bereichen Probleme mit ihrem Pferd hat.

Auch bei meiner Arbeit mit Pferden habe ich schon einige von der Sorte »Max« gehabt. Gerade beim Reichen des Futtereimers kann man Auskunft über

die wahre Gesinnung eines Pferdes bekommen. Verhält sich ein Pferd in oben beschriebener Weise, ist es höchste Zeit, die Verhältnisse zurechtzurücken. Eine gute Möglichkeit dazu ist das Klären der Futterfrage. Das Pferd muss akzeptieren lernen, dass das Futter grundsätzlich mir gehört und dass es erst davon haben darf, wenn ich es ausdrücklich gestatte.

Trainingslektion zur Klärung der Futterfrage

Dabei gehe ich wie folgt vor: Ich fülle das Kraftfutter in einen Eimer. Damit gehe ich zum Pferd. Vorsorglich nehme ich auch wieder die »Wundertüte« mit. Diese ist immer noch mein stärkstes Argument bei distanzlosen und aufsässigen Pferden. Meist kommt das Pferd schon angerannt, wenn es mich mit dem Futter kommen sieht. Es wird versuchen, mir den Eimer aus der Hand zu stoßen. Sofort kommt die Wundertüte zum Einsatz.

Hatte ich diese zunächst unscheinbar und passiv mit nach unter gestreckter Spitze neben meinem Bein gehalten, reiße ich sie nun blitzartig hoch und veranstalte damit einen riesigen Zauber. Heftige seitliche Zickzackbewegungen in Richtung Brust und aggressives Zugehen auf das Pferd hinterlassen einen mächtigen Eindruck. Es gibt kaum ein Pferd, das dabei nicht sofort zurückweicht.

Augenblick nehme ich den Druck weg, entspanne im Körper und senke die Wundertüte zum Boden ab. Den Futtereimer stelle ich vor mich auf die Erde und warte. Erfahrungsgemäß wird das Pferd nun einen neuen Anlauf starten. Sobald es sich nähert, richte ich mich auf, sodass ich auf das Pferd bedrohlich wirke, und schaue es scharf an. Manch-

Ein kleines Futterexperiment: Ich schütte etwas Hafer auf die Weide. Der »Chef« der Herde hat diesen entdeckt und macht sich sofort darüber her. Die Schimmelstute Zitha steht sehnsüchtig daneben, sie möchte auch was davon abhaben ...

So einfach ist das nicht. Das Futter gehört immer zuerst dem »Chef«. Wenn er es erlaubt, dürfen auch die anderen etwas davon abhaben. Und dieser besteht – wie man deutlich sieht – auf sein Recht. Aggressiv verteidigt er seinen Hafer. Zitha trollt sich unverrichteter Dinge, der Schimmel Michel im Hintergrund wagt sich erst gar nicht in seine Nähe.

Hier ist es ähnlich: Ich stehe vor meinem Futtereimer. Michel ist gerade im Begriff, sich einfach daran zu bedienen. Noch habe ich ihn nicht dazu eingeladen.

Mit einer eindeutigen Geste wird Michel auf Distanz geschickt. Das will ihm gar nicht gefallen. Aber hier geht es um mehr als nur um Futter, es geht um das Klarstellen der Leitungsposition.

Lässt sich ein Pferd durch körperliche Drohgebärden des Menschen nicht beeindrucken, müssen »stärkere« Mittel her. Hier ist es wieder die bereits erwähnte Wundertüte, die zum Einsatz kommt. Mit ihr kann ich auch hartnäckige Burschen beeindrucken.

Mich vor meinem Eimer aufbauend, signalisiere ich nun Michel, dass er es ja nicht wieder wagen soll, unaufgefordert an meinen Hafer zu gehen. Ganz verblüfft und etwas unsicher steht er nun wartend in einiger Entfernung von mir. Er akzeptiert meine Vorgabe und zollt mir damit seinen Respekt.

Nun darf er fressen. Mit einer einladenden, weichen Handbewegung erlaube ich ihm, näher zu kommen. Dabei ist mein Blick gesenkt und alle »Aggression« aus meinem Körper gewichen. Die treibende Wundertüte ist auf den Boden abgesenkt. Noch traut Michel der Sache nicht, deutlich kann man das an seinem zweigeteilten Ohren-spiel erkennen, langsam, aber noch etwas unsicher, kommt er näher.

Sichtlich entspannt genießt Michel seinen Hafer. Für seine Akzeptanz und den Respekt, den er mir entgegengebracht hat, wird er nun belohnt.

mal reicht das schon, um ihm mitzuteilen, dass ich es ernst meine. Bei anderen muss ich noch ein paar Mal die Wundertüte einsetzen, um ihnen meinen Anspruch unmissverständlich klar zu machen. Ab und an kann man dann beobachten, wie sie einen sichtlich verärgert umkreisen oder vor einem auf- und ablaufen. Davon lasse ich mich nicht beeindrucken. Sobald das Pferd sich mir nähert, wird es mit Nachdruck wieder auf Distanz geschickt.

Erkennt das Pferd meinen Anspruch auf das Futter an und somit auch meine Autorität, wird es mir das deutlich zeigen. Es wird in einem gebührenden Abstand in Wartestellung gehen, dabei den Kopf gesenkt halten und die Ohren seitlich nach hinten anlegen. Manchmal kann man dabei auch ein Schmatzen oder Lippenlecken beobachten. Zeigt das Pferd mir diese Zeichen, werde ich meinen Blick abwenden, mich entspannen, noch einen Augenblick warten, um mich dann einen oder zwei Schritte zurückzuziehen. Mit einer lockenden Handbewegung lade ich es zum Fressen ein.

Ich sollte das Pferd jederzeit wieder vom Futter vertreiben können. Auch in Zukunft werde ich darauf achten, dass es nur ans Futter kommt, wenn ich es ausdrücklich dazu eingeladen habe.

Wenn Monika den Mut findet, dieses Problem mit Max in der beschriebenen Weise aufzuarbeiten, wird sie damit die Basis für eine neue und bessere Partnerschaft legen. Das Verhalten ihres Pferdes wird sich auch in anderen Dingen mit Sicherheit ändern.

16

Ständig Zoff am Anbindeplatz

16. Ständig Zoff am Anbindeplatz

Problemvorstellung

Ein Pferd, das am Anbindeplatz ständig von einer Seite auf die andere trappelt, mit den Hufen scharrt oder unentwegt wiehert, kann ganz schön nerven. Jedes Pferd sollte lernen, sich kuliviert und ohne Protest anbinden zu lassen, das gehört zur normalen Grunderziehung. Das zu trainieren und auch durchzuziehen, ist eine lohnenswerte Sache, erspart es einem doch viel Nerven und möglicherweise hohe tierärztliche Behandlungskosten. Nicht wenige Pferde zeigen solche Verhaltensweisen. Die Gründe dafür können ganz unterschiedlicher Natur sein. Dem einen Pferd passt es nicht, dass es angebunden an einem Platz stehen bleiben soll, kann es sich doch in seinem Auslauf oder auch in seiner Box sonst immer frei bewegen. Ein anderes fühlt sich schlicht unbeachtet und heischt so um Aufmerksamkeit.

Wieder ein anderes wird von Verlustängsten gepeinigt, weil es alleine und ohne seine Kameraden stehen muss und ruft deshalb ständig nach diesen. Vielleicht ist es auch eine Art Platzangst, die ein Pferd plagt. Es macht ihm Angst, an einem kurzen Strick angebunden zu sein und nicht weg zu können, wenn Gefahr droht. Wie vielfältig auch die Gründe sein mögen, solches Verhalten kann unerträglich für den Menschen und ungesund für das Pferd sein. Durch ständiges hartes Aufschlagen mit den Hufen auf ein Betonpflaster können Gelenke und Beine ganz schön in Mitleidenschaft gezogen werden.

Hier sollte etwas getan werden – oder vielleicht doch nicht? Das ist die Frage. Macht ein Pferd diesen Zoff, um auf sich aufmerksam zu machen und

Zuwendung zu erfahren, hat es sein Ziel erreicht, sobald der Mensch eingreift und es zurechtweist. Nach dem Motto: Eine negative Zuwendung ist besser als gar keine Zuwendung. In diesem Fall durch direktes Zurechtweisen das Missverhalten des Pferdes korrigieren zu wollen, funktioniert nicht. Mit der Zuwendung erhält das Pferd die gewünschte Aufmerksamkeit. Durch diesen Erfolg bestätigt, wird es auch weiterhin sein unerwünschtes Verhalten zeigen.

Also muss ein anderer Lösungsansatz her. Hat das Pferd durch seine Aktion bisher die angestrebte Beachtung erhalten, wird es nun das Gegenteil erfahren. Ich lasse es einfach weitermachen, reagiere nicht und verweigere ihm so die gewünschte Zuwendung.

In der Pferdeausbildung, aber auch in der Ausbildung anderer Lebewesen, gibt es die Möglichkeit, mit so genannten Lernverstärkungen zu arbeiten. Man nennt das auch: Lernen am Erfolg. Hier unterscheidet man zwischen positiven und negativen Lernverstärkungen. Man könnte auch sagen, wir arbeiten mit Lob und Tadel.

Bei den positiven Lernverstärkungen handelt es sich um Belohnungen, die immer in Verbindung mit einer erwünschten Verhaltensweise des Pferdes gegeben werden. Durch diese Erfolgsvermittlung soll das Pferd dazu ermutigt werden, einen vom Menschen angestrebten Bewegungsablauf zu erlernen. Durch Wiederholungen wird das Ganze dann gefestigt und letztlich zu einem fest gefügten Verhaltensmuster.

111

Diese junge Araberstute kann am Anbindeplatz nicht still stehen. Immer in Bewegung, trampelt sie hin und her oder scharrt ungeduldig mit den Hufen. Gerade ständiges Scharren auf hartem Boden kann die Beine oder Hufe eines Pferdes ganz schön schädigen.

Positive Lernverstärkungen können sein:

- Die Beendigung einer unerwünschten Einwirkung.
- Eine Pause.
- Loben mit der Stimme.
- Körperliche Zuwendung in Form von Streicheln und Schubbern des Fells.
- Das Verabreichen von Leckerli.

So wird eine positive Lernatmosphäre geschaffen, die das Pferd dazu motivieren soll, gerne lernen zu wollen, weil es etwas davon hat.

Die negative Lernverstärkung soll das Pferd davon abhalten, etwas Unerwünschtes zu tun. Es wird also immer in Verbindung mit unerwünschten Verhaltensweisen eine Verknüpfung

mit negativen und dem Pferd unangenehmen Einwirkungen vorgenommen.

Negative Lernverstärkungen können sein:

- Eine Ermahnung mit der Stimme, wobei bei stimmlicher Einwirkung immer der Ton über Lob oder Tadel entscheidet. Worte versteht ein Pferd nicht.
- Eine bedrohliche Köperhaltung durch den Menschen.
- Die Verstärkung einer Einwirkung.
- Stresserzeugung, z. B. Einsatz der Wundertüte, »aggressives« Wegschicken der Hinterhand um die Vorderhand, »aggressives« Rückwärtsrichten, verstärktes Treiben im Round Pen.
- In wirklichen Ausnahmefällen auch mal eine Strafe mit Peitsche oder Gerte.

Da dieses ständige Zoffen am Anbindeplatz nicht nur ungesund, sondern auch ganz schön nervig sein kann, sollte man
unbedingt etwas dagegen tun.
Das ist eine Möglichkeit, wie man vorgehen kann: Immer wenn
das Pferd sein unerwünschtes Verhalten zeigt, mache ich ein
Geräusch, das dem Pferd unangenehm ist und es erschreckt.
Ich ziehe mich dabei ins Innere unseres Stalles zurück, damit
mich das Pferd nicht sehen kann, und schlage im entsprechenden Moment mit einem Stock fest gegen die hölzerne Stall-
wand. Der dadurch entstehende Knall erschreckt das Pferd und
lässt es innehalten. Sobald es erneut mit seinem »Terror«
beginnt, wiederhole ich das Ganze. So kann ich manches Pferd
davon überzeugen, dass es viel komfortabler ist, einfach nur
still zu stehen.

Lösungsvorschlag

Die einfachste Form der negativen Lernverstärkung ist, das Pferd nicht zu belohnen und somit
eine Verhaltensweise nicht zu bestätigen. Hat ein
Pferd durch sein provokantes Verhalten am Anbindeplatz bisher immer die Aufmerksamkeit seines Besitzers erreicht, sollte dieser von nun an
nicht mehr darauf eingehen. Dazu ist es sinnvoll,
das Pferd an einem nicht zu langen Strick und auch
hoch genug anzubinden, damit es sich bei seinen
Aktionen nicht darin verfangen kann. Bei einem
Pferd mit sehr starker Vorderbeinaktion wäre ein

sandiger oder weicher Untergrund von Vorteil, um
einer Selbstschädigung vorzubeugen.

Ab jetzt werde ich das ungebührliche Benehmen
des Pferdes ignorieren und ihm die Aufmerksamkeit entziehen. Es wird keinen Erfolg mehr
damit haben, und die Wahrscheinlichkeit ist groß,
dass es mit seinen Zappeleien aufhört.

Bei ganz hartnäckigen Pferden kann es allerdings
möglich sein, dass die Taktik, es zu ignorieren, nicht
ausreicht, um das Problem zu beseitigen. In solch
einem Fall setze ich eine andere Strategie ein.

Eine andere Variante ist der Einsatz eines langen Seiles. Das eine Ende ist am Halfter des Pferdes befestigt, das andere halte ich in der Hand. Bei dieser Aktion stehe ich wieder, für das Pferd unsichtbar, um die Ecke im Stallinneren. Immer, wenn das Pferd zu seiner unerwünschten Verhaltensweise ansetzt, schüttele ich das Seil. Das Seil bewegt sich wellenförmig und überträgt einen lästigen Impuls auf das Halfter und damit auf den Kopf des Pferdes. Das wird ihm schnell unangenehm. Sofort wird das Pferd seine schlechte Verhaltensweise stoppen.

Ich binde das Pferd am Anbindeplatz vor dem Stall an. Dann ziehe ich mich in diesen zurück und warte ab, was passiert. Sobald es zu trampeln oder scharren anfängt, schlage ich heftig mit einer Gerte auf die Bretterwand unseres Stalles. Der dadurch entstandene laute Knall erschreckt das Pferd und lässt es innehalten. Sobald es wieder mit seiner Aktion beginnt, werde ich sofort dieses unangenehme Knallgeräusch erzeugen. Bald wird das Pferd den Knall mit seinem Ungehorsam verknüpfen und merken, das es wesentlich komfortabler und stressfreier ist, einfach nur abwartend an Ort und Stelle zu stehen.

Eine andere Möglichkeit, einem Pferd sein ungebührliches Verhalten am Anbindeplatz unangenehm zu machen, ohne dass es direkte Zuwendung erfährt, ist der Einsatz eines langen Seiles.

So gehe ich dabei vor: Das eine Ende des Seiles befestige ich am Halfter des Pferdes, das andere behalte ich in der Hand und ziehe mich damit in den Stall zurück. Beginnt mein Pferd mit seinem unerwünschten Verhalten, schüttele ich das Seil. Das Seil bewegt sich wellenförmig; dabei trifft ständig ein Impuls auf das Halfter und damit auf den Kopf des Pferdes. Das wird ihm schnell unangenehm.

Unterbricht das Pferd sein unerwünschtes Verhalten, höre ich unverzüglich mit meiner Einwirkung auf.

Ganz überrascht, durch den »Schüttelreiz« in ihrem Scharren unterbrochen, schaut die Araberstute Present sich um.
Was passiert ist, kann sie nicht einordnen. Auch hier ist es wieder die Verknüpfung zwischen unerwünschtem Verhalten und negativem Reiz, die das Pferd zu einer Verhaltensänderung erziehen soll. Natürlich stellt sich eine dauerhafte Wirkung nicht sofort nach dem ersten Training ein, das muss geübt werden.

In genau der gleichen Weise konditioniert mich mein Auto. Immer wenn ich die Türe öffne und aussteigen möchte, vorher aber versäumt habe, den Lichtschalter auszudrehen, ertönt ein für mich unangenehmer Ton. Da ich dieses Geräusch absolut nicht mag, achte ich sehr darauf, stets vor dem Verlassen des Wagens zu kontrollieren, ob das Licht ausgeschaltet ist. Eine sinnvolle Einrichtung des Autoherstellers, die den Benutzer vor zu erwartenden Unannehmlichkeiten schützt.

Finesse und ihre Finessen beim Putzen

17. Finesse und ihre Finessen beim Putzen

Problemvorstellung

Schon seit drei Jahren sind sie zusammen. Sina ist siebzehn und geht noch zur Schule. Von ihren Eltern hatte sie zur Konfirmation die damals 5-jährige Stute Finesse geschenkt bekommen, eine graziöse, sehr fein gebaute, kleine Warmblutstute mit viel Vollblutanteil. Sina und Finesse passen gut zueinander, sind sie doch beide sehr zart, was ihre körperliche Konstitution betrifft, aber auch ihr Wesen. Oft sind sie im Sommer zu Fuß unterwegs. Wenn man aus der Ferne beobachtet, wie sie durch den verwilderten Obstgarten der alten Mühle tollen, hat man den Eindruck, als seien dort Elfen unterwegs. Auch beim Reiten geben die beiden ein gutes Paar ab, da ist nichts Hartes oder Sperriges. Alles sieht weich und harmonisch aus – ein echtes Traumpaar.

Einen Wermutstropfen gibt es allerdings in ihrer Beziehung, die ständige Anstellerei von Finesse beim Putzen. Sie kann es auf den Tod nicht ausstehen, wenn sie geputzt wird, besonders nicht am Bauch. Dann trampelt sie auf der Stelle und tritt mit den Hinterbeinen nach Sinas Hand. Sie droht mit anlegten Ohren, reißt die Augen auf, dass das Weiße darin sichtbar wird, beißt in die Luft und wenn es ganz schlimm kommt, auch nach Sina. Sina macht das Angst, sie kann das nicht einordnen. Deshalb bemüht sie sich, ihr Pferd besonders sachte anzufassen und sie mit besänftigenden Worten zu beruhigen, wenn sie rumzickt. Aber oft wird Finesses Verhalten dadurch noch schlimmer. Was geht in Finesse vor?

Lösungsvorschlag

Drei Gründe können für dieses Verhalten verantwortlich sein. Es kann sein, dass Finesse sich so anstellt, weil ihr bei der Berührung mit dem Putzzeug etwas weh tut. Vielleicht hat sie eine Verletzung unten am Bauch. Aber das ist eher unwahrscheinlich, schließlich zeigt sie dieses Verhalten schon von Anfang an und so lange braucht in der Regel keine Verletzung, um auszuheilen. Außerdem ist Sina sehr gewissenhaft und umsichtig bei der Versorgung ihres Pferdes. Eine Verletzung wäre ihr aufgefallen.

Ein anderer Grund könnte schlichter Unwille sein. Nach dem Motto: »Mein Bauch gehört mir und wer mich wo anfasst, bestimme ich.« Auf diese Art könnte Finesse versuchen, Gegenwehr zu demonstrieren als eine Art Dominanzgerangel. Aber auch das glaube ich nicht, ist sie doch ein zartes Seelchen, das eigentlich immer bemüht ist, Sina zu gefallen.

Der dritte Grund ist der wahrscheinlichste. Finesse ist einfach kitzelig. Sinas Bemühungen, sie ist beim Putzen besonders rücksichtsvoll und sanft zu dem Pferd, verstärken das Ganze noch. Ich kenne das aus eigener Erfahrung. Ich hasse es, gekitzelt zu werden. Kitzelt mich jemand und er stellt es trotz meiner eindringlichen Bitte oder Warnung nicht ein, kann ich sehr aggressiv werden. Ich erinnere mich an einzelne unverbesserliche Zeitgenossen, die dabei schon Boxhiebe einstecken mussten. Fasst mich aber jemand ganz normal mit eher fester Hand an, ist das kein Problem.

> Tritt ein Pferd beim Putzen nach der Hand des Pflegers, kann das unterschiedliche Gründe haben. Vielleicht ist der Auslöser eine schmerzhafte Berührung, vielleicht möchte das Pferd sich aus Dominanzgründen nicht anfassen lassen, vielleicht hat es schlechte Erfahrungen gemacht oder es ist einfach nur kitzelig.

So könnte auch Sina vorgehen. Möchte sie ihr Pferd an den Problemzonen anfassen oder putzen, sollte sie das in fester, man könnte auch sagen, fast burschikoser Weise tun. Immer, wenn Finesse anfängt zu zicken, sollte sie diese mit kurzen barschen Worten wie: »Lass das!«, »Na!« oder »Hey!« ermahnen. Manchmal kann auch ein kurzer Klaps mit der flachen Hand sehr wirkungsvoll sein. Und immer wenn sie akzeptiert und ihr Drohgehabe einstellt, sollte sie mit einem lang gezogenen »Braaav« oder »Feiiin« gelobt werden.

Versucht ein Pferd beim Putzen nach seinem Pfleger zu schnappen, kann man durch eine Trainingseinheit mit dem »Distanzstöckchen« Abhilfe schaffen. Ich halte dabei das »Distanzstöckchen« einfach nur in Backennähe des Pferdes. Schnellt es nun mit dem Kopf herum und möchte nach dem Menschen schnappen, stößt es sich augenblicklich am Stöckchen. Es bestraft sich sozusagen selbst. Je heftiger der Angriff, umso nachhaltiger die Bestrafung. Diese Methode ist viel wirkungsvoller als eine Bestrafung durch die menschliche Hand, die das Pferd im Übrigen nur hand-scheu macht, das Problem aber in der Regel nicht abstellt.

Sollte Finesse trotz der neuen Vorgehensweise von Sina ihr Verhalten nicht ändern und sogar nach ihr schnappen, wäre der Einsatz mit dem »Distanzstöckchen« sinnvoll.

Sollte bei einem anderen Pferd mit gleichem oder ähnlichem Verhalten der Grund in Unwilligkeit oder Dominanzgehabe zu finden sein, würde ich genau wie oben vorgehen. Dazu wären aber auch andere, bereits angesprochene Maßnahmen wie das Klären der Führposition, Druckpunktanwen-dungen usw. angebracht.

18

Hannes
der Losreißer

18. Hannes der Losreißer

Problemvorstellung

Hannes ist ein Süddeutsches Kaltblut. Ein gemütlicher Kerl, gutmütig und lustig anzuschauen mit seinen langen Behängen an den Beinen, seiner gespaltenen Kruppe und seinem charmanten Blick. Seine Leidenschaft ist das Fressen. Um an Futter zu kommen, lässt er sich so allerhand einfallen. Er kann sich trotz seiner Masse flach wie ein Pfannkuchen machen, wenn es darum geht, unter dem Zaun hindurch die ersten zarten Grasspitzen des Frühlings zu erwischen. Ihm fällt es leicht, Riegel mit dem Maul zu öffnen, um beispielsweise in die Futterkammer zu gelangen. Wenn er angebunden steht und meint, dass er jetzt lange genug ohne Futter war, beginnt er, sich langsam nach hinten zu schieben und dadurch immer mehr Druck auf das Halfter aufzubauen. Er macht das so lange, bis es schließlich Krack macht.

Hannes hat mächtig viel Kraft und irgendetwas gibt immer nach: Mal reißt das Halfter oder Seil, ein anderes Mal zerbricht der Panikhaken, dann zerplatzt der Anbindering ... Ist Hannes frei, schlendert er gemächlich zur angrenzenden Wiese, um sein versäumtes Frühstück nachzuholen oder er steckt einen Kopf genüsslich in die Hafertonne. Er macht das ohne Eile oder Panik, einfach ganz selbstverständlich.

Seinen Besitzer ärgert das. Ständig muss er die Anbindevorrichtung reparieren oder neue Halfter kaufen. Hannes zertrampelt bei seinen Spaziergängen das Gras der Wiese, das eigentlich mal sein Heu werden sollte.

Einmal wurde Hannes Besitzer ans Telefon gerufen, während er Hannes putzte. Als er wieder aus dem Haus kam, war sein Pferd weg. Dieses Mal hatte er nicht die Wiese gewählt, sondern war aus einem unerfindlichen Grund in die andere Richtung gelaufen. Er trottete die Straße hinunter Richtung Dorf. Zum Glück konnte er gerade noch abgefangen werden. Das zeigt: Wenn Pferde sich losreißen, kann das sehr gefährlich werden. Daraufhin kaufte sein Besitzer ein Halfter aus besonders dickem Material und breiten Riemen. Bei Hannes nächster Aktion hielt das Halfter, aber der Anbindering flog durch die Luft. Logisch, die breiten Riemen des Halfters gaben ihm die Möglichkeit, noch mehr Kraft einzusetzen, weil sie den Druck in seinem Genick reduzierten. Sein Besitzer war es leid, ständig Reparaturarbeiten leisten zu müssen. Kurzerhand baute er eine Sollbruchstelle in seine Anbindevorrichtung, um sein Material zu schonen. Er brachte eine Heukordel zwischen Anbindering und Anbindeseil an. Wenn Hannes nun zog, riss die Heukordel. Grundsätzlich zufriedenstellend ist diese Lösung aber nicht, beseitigt sie doch keinesfalls das Grundproblem.

Lösungsvorschlag

Da Hannes die Erfahrung gemacht hat, dass er nur seine Kraft einzusetzen braucht, um seinen Willen durchzusetzen, sollten jetzt Wege gefunden werden, um ihm diese Erfolge zu vermiesen. Hier gibt es verschiedene Möglichkeiten, wie man vorgehen kann. Erinnern Sie sich an das Fallbeispiel 5. Hier sollte das Pferd Flores über gezielte Druckpunktanwendung im Genick lernen, seinen Nacken zu senken.

Neigt ein Pferd dazu, sich am Anbindeplatz loszureißen, ist es die falsche Idee, ihm ein besonders dickes, breites und gut gepolstertes Halfter anzuziehen. Hier ist das Knotenhalfter die bessere Wahl, kommt es doch viel schneller zur Wirkung. Vorbereitend kann ich das Pferd zusätzlich durch Druckpunktanwendung, wie hier an der Nase, zum leichteren Nachgeben erziehen.

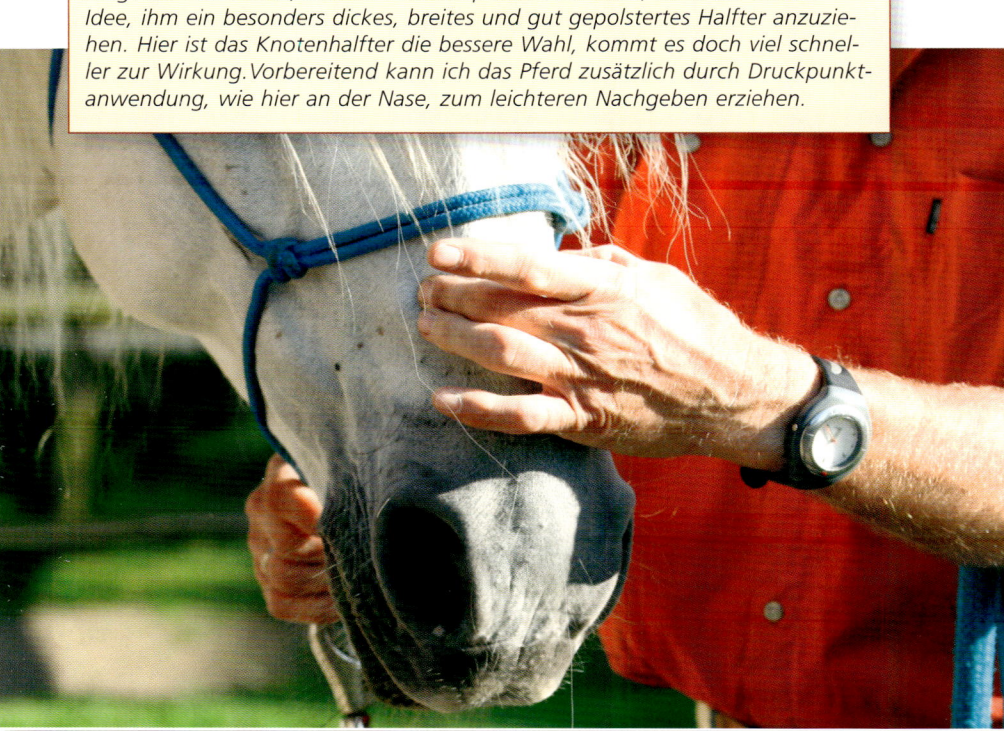

Wirft sich ein Pferd nach hinten, ist es besonders der Nacken, an dem die Einwirkung erfolgt. Auch hier kann das Pferd durch gezieltes Sensibilisieren zum Nachgeben erzogen werden.

Mit dieser Übung würde ich Hannes zunächst im Genick sensibilisieren, damit er lernt, dort nachzugeben und nicht gegen zu gehen. War dieses Sensibilisierungstraining erfolgreich, würde ich ihm ein qualitativ hochwertiges Knotenhalfter verpassen.

Spezielles Knotenhalfter

Diese Halfter haben eine Reißfestigkeit von über 800 kg. Sie sind aus einem Stück Seil mit sechs Millimeter Stärke geknotet ohne Zwischenringe, Schnallen oder Ösen, die zerbrechen könnten. Das Genickstück des Halfters besteht aus zwei nebeneinander liegenden Schnüren.

Durch die enorme Reißfestigkeit, die Art des Materials und die zuvor vorgenommene Sensibilisierung im Nacken, ist die Möglichkeit gering, dass sich Hannes beim nächsten Mal wieder erfolgreich losreißt.

Es gibt immer wieder Warnungen, ein Pferd ja nicht mit einem Knotenhalfter anzubinden wegen möglichen Verletzungsrisiken im Nacken, sollte dieses zu stark am Halfter ziehen.

Da bin ich anderer Meinung: Merkt ein Pferd rechtzeitig, dass es unangenehm ist, wenn man sich losreißt, wird es das lassen. Benutze ich ein dickes, gut gepolstertes Halfter, weil ich es ja gut mit meinem Pferd meine und ihm keinesfalls Schmerz zufügen möchte, werde ich ihm alle Türen öffnen, seine Kraft voll einzusetzen und es wird sich wieder losreißen.

Mit dieser falschen Rücksichtnahme mindere ich die Möglichkeiten meiner Einflussnahme und schieße sozusagen ein Eigentor. Ein »Losreißer« geht gerne seine eigenen Wege ... Dabei kann er sich und andere (Menschen und Tiere) stark gefährden. Nicht auszudenken, wenn er dabei auf eine stark befahrene Straße gerät.

Eine andere, etwas aufwendigere Möglichkeit ist Folgende: Ich nehme ein stabiles Seil, das so lang ist, dass es vom Anbindering ausgehend, um das ganze Pferd herum und wieder zum Anbindering reicht. Das Pferd ist mit einem Stallhalfter ganz normal angebunden. Ein Ende des Seiles knote ich im Anbindering fest, das andere Ende ziehe ich durch den Kinnring des Stallhalfters. Ich lasse das Seil weiter um die Hinterhand des Pferdes gehen und zurück, wieder durch den Kinnring und zum Anbindering zurück. Hier knote ich jetzt auch das andere Seilende fest. Ist der Kinnring des Halfters zu klein, um die beiden Seile und den Haken des regulären Anbindeseiles aufzunehmen, kann ich das Umlageseil auch durch die Backenringe des Stallhalfters laufen lassen.

Damit das Umlageseil nicht von der Hinterhand herunterfallen kann, lege ich ein weiteres kurzes Seil über die Kruppe des Pferdes und binde das Umlageseil, ähnlich wie beim Hintergeschirr einer Fahranspannung, links und rechts daran fest. Bei Bedarf kann ich das auch noch einmal über der Sattellage tun.

Versucht nun das Pferd, sich nach hinten in die Anbindung zu werfen, kommt das Seil an der Hinterhand zum Einsatz. Es entsteht ein Druck auf die Hinterhand, der das Pferd dazu veranlassen soll, wieder nach vorne nachzugeben. Wichtig ist, dass das Umlageseil sich ein wenig eher strafft, als das Anbindeseil. Dazu muss es in seiner Länge entsprechend justiert werden.

Ich persönlich favorisiere die zuerst beschriebene Methode. Sie ist wesentlich weniger aufwendig und schult das Pferd, dem Druck im Nacken nach-

Eine andere Möglichkeit, Losreißer zu korrigieren, ist das Training mit dem »Körper-Umlageseil«. Es sollte allerdings nur von erfahrenen Ausbildern vorgenommen werden. Das Seil wird vom Anbindering an der Wand ausgehend, durch den Ring des Halfters gezogen, läuft um das ganze Pferd herum, wieder durch den Halfterring und zurück zum Anbindering. Damit es nicht vom Pferdekörper herunterfällt, wird es von dünneren Seilchen über Kruppe und Schulter gehalten, ähnlich wie bei einem Hintergeschirr, das man aus dem Fahrsport kennt. Zieht das Pferd nun nach hinten, spannt sich das Seil um die Hinterhand des Pferdes. Es wird ein Druck von hinten aufgebaut, der das Pferd dazu veranlassen soll, diesem Druck wieder nach vorne zu weichen. Je stärker das Pferd nach hinten zieht, um so größer wird der Druck auf die Hinterhand.

zugeben. Eben da, wo es normalerweise zu einer Einwirkung kommt, wenn es sich losreißen will.

Eine weitere Möglichkeit ist der Einsatz von so genannten Gummiknochen. Das sind etwas 50 cm lange Gummiteile mit einer hohen Reißfestigkeit, an deren Enden jeweils ein Metallring angebracht ist. Diese Gummiteile werden als Puffer zwischen Anbindeseil und Wandbefestigung angebracht. Bei einem ruckartigen Losreißversuch dehnt sich das Gummi und fängt die harte Einwirkung ab. Dadurch soll die Gefahr eines Materialschadens gemindert werden und somit auch die Chance, dass sich das Pferd losreißen kann.

19

Die Attacken
von Sheila

19. Die Attacken von Sheila

Problemvorstellung

Ich erhielt folgenden Brief: Ich habe seit einiger Zeit eine Reitbeteiligung an einer 6-jährige Quarter-Horse-Mixstute. Seit ein paar Monaten tritt folgendes Problem auf: Immer wenn ich Sheila laufen lasse, fängt sie nach etwa zehn Minuten an, mit angelegten Ohren, verkrampften Nüstern und großen Augen im Galopp auf mich loszurennen. Etwa eineinhalb Meter vor mir stoppt sie abrupt, dreht sich um und wirft mir noch einen Tritt entgegen.

Dieses Verhalten kann nicht haltungsbedingt sein, da sie im Sommer auf der Weide und im Winter im Offenstall lebt, gemeinsam mit ihrer Mutter und zwei weiteren Pferden. Ich vermute, dass sie zu wenig Respekt vor mir hat und ich sozusagen auf der Rangliste unter ihr stehe. Allerdings könnte es auch an ihrem Alter liegen und daran, dass sie einfach austestet, wie weit sie bei mir gehen kann. Die Besitzerin hat mir schon klar gemacht, dass ich dem Pferd keine Angst zeigen darf. Aber was würden Sie tun, wenn eine halbe Tonne auf Sie losgerannt käme?

Mit ihren Stallgenossinnen verträgt sie sich wunderbar. Ich hatte gedacht, ihr Verhalten läge an mir. Also habe ich meinen Freund gebeten, mit Sheila auf den Platz zu gehen. Nach etwa zehn Minuten versuchte sie bei ihm das Gleiche. Man sieht ihr deutlich an, dass es keine Angstabwehr, sondern ein Angriff ist.

Ich wäre Ihnen sehr dankbar, wenn Sie mir sagen könnten, was ich tun kann.

Lösungsvorschlag

Das beschriebene Verhalten des Pferdes weist eindeutig auf ein Dominanzgerangel hin. Sheila will ihre Menschen herausfordern, um festzustellen, wie die Verhältnisse liegen. Ihr Verhalten ist ein Akt des aggressiven Drohens.

Wir unterscheiden zwei Droharten bei Pferden: das aggressive und das defensive Drohen.

Das defensive Drohen geschieht mit der Hinterhand und wird zur Verteidigung eingesetzt. Es endet im Verteidigungsangriff durch Austreten mit den Hinterbeinen.

Das aggressive Drohen vollzieht sich in Phasen: es beginnt mit verschiedenen Drohgebärden und endet mit einem frontalen Angriff. Der erste Schritt ist ein scharfes Fixieren des vermeintlichen Gegners. Danach ein Drohen mit angelegten Ohren, ein Kopfstoßen in Richtung des Gegners und manchmal ein In-die-Luft-Beißen. Lässt der andere sich dadurch nicht beeindrucken, erfolgt der Angriff. Auch hier sind Phasen erkennbar. Das Pferd hebt ein Vorderbein als Ankündigung für den Angriff, setzt sich in Bewegung, öffnet dabei das Maul, zeigt die Zähne und beißt zu.

Eine Gesetzmäßigkeit in der Herde lautet: Der Rangniedrige hat die Verpflichtung, dem Ranghohen aus dem Weg zu gehen. In Kurzform heißt das: Wer weicht, ordnet sich unter.

Sheila versucht durch ihre Attacken, die Personen, die mit ihr umgehen, zum Weichen zu bekommen

Verschiedene Arten des Drohens. Hier sieht man einen klaren Akt des aggressiven Drohens in seinem Endstadium, dem Angriff. Das rechte Pferd attackiert das linke mit den Zähnen. Meist gehen einem solchen Angriff zunächst verschiedene Phasen des Drohens voraus. Die Erste ist ein durchdringender Blick von Seiten des »Bedrohers«. Darauf folgt das Vorstoßen mit dem Kopf und Anlegen der Ohren. Dann setzt sich das Pferd in Bewegung, öffnet dabei das Maul, zeigt die Zähne und beißt zuletzt zu.

und somit in die Unterordnung zu zwingen. Ihr Alter mag dabei eine gewisse Rolle spielen. Als 6-Jährige ist sie gerade in einem Alter, in der verstärkt versucht wird, sich gewisse »gesellschaftliche Positionen« zu erarbeiten. Dieses Verhalten finden Sie aber auch in anderen Altersgruppen.

Dass Sheila eineinhalb Meter vor ihrer Reiterin abbremst, sich dann umdreht und mit den Hinterbeinen nach ihr tritt, demonstriert meiner Meinung nach eine gewisse Unsicherheit. Zunächst greift sie in aggressiver Weise an. Da sich die Frau dadurch scheinbar nicht beeindrucken lässt, stoppt sie kurz vor ihr ab und nimmt – quasi vorbeugend – einen Verteidigungsangriff vor. Anscheinend rechnet sie mit einem Gegenangriff, vor dem sie sich schützen will.

Hätte Sheila dieses Verhalten in der Herde bei einem ranghöheren Pferd versucht, würde sie dafür zur Rechenschaft gezogen werden. Das heißt, sie würde vermutlich aggressiv verjagt und in ihre Schranken verwiesen. Das würde so lange weitergehen, bis sie Unterwürfigkeitsgesten zeigt.

Das Gleiche würde ich der Reiterin vorschlagen. Sie sollte sich ein Hilfsmittel mit auf die Weide nehmen, eine Longierpeitsche oder Ähnliches. Mit diesem Hilfsmittel kann sie aus der Distanz auf ihr Pferd einwirken und es wegjagen. Sie sollte es so lange scheuchen, bis es ihr eindeutige Zeichen der Unterordnung zeigt.

Zeichen der Unterordnung

Das Pferd beginnt, dem Menschen mehr Aufmerksamkeit zu schenken. Die Ohren sind zur Seite gerichtet, es senkt seinen Kopf, macht deutliche Kaubewegungen oder leckt sich die Lippen.

Jetzt ist es an der Zeit, dem Pferd den Frieden anzubieten. Die Bedingungen dafür und die Einladung dazu gibt immer der Ranghöhere, also der Mensch. Dazu wird der Druck vom Pferd weggenommen, der Mensch senkt seinen Blick und entspannt sich sichtbar im Körper. Dann dreht er sich einfach vom Pferd weg und geht in die entgegengesetzte Richtung. Oft passiert es dann, dass einem das zuvor sanktionierte Pferd wie ein Hund nachläuft.

Der so Bedrohte startet einen Verteidigungsangriff, auch dieser geht wieder in Phasen von sich. Er zeigt dem Angreifer die Hinterhand als Warnung, hebt dann ein Bein als Androhung, als wolle er sagen: »Lass mich in Ruhe, ich meine das ernst, sonst schlage ich zurück.« Dann erfolgt das Austreten, um sich vor dem Angreifer zu verteidigen. Das linke Pferd ist gerade in der Phase der Androhung, es hat ein Hinterbein gehoben.

Über Pferde, die alles ins Maul nehmen müssen

20. Über Pferde, die alles ins Maul nehmen müssen

Problemvorstellung

Manche Pferde sind maulorientiert, so auch Amigo. Alles was in erreichbare Nähe kommt, muss er ins Maul nehmen. Nicht dass er danach schnappen würde im Sinne von aggressivem Zubeißen. Nein, er nimmt es ins Maul, kaut genüsslich darauf herum, speichelt es ordentlich ein. Manchmal kaut er es eben auch durch. Ob es das Anbindeseil ist, die schönen, neuen Zügel, die Strupfen am Sattel, das Halfter seines Kollegen, das am Anbindeplatz vergessen wurde ... Auch einige Jackenknöpfe mussten bereits daran glauben, selbst vor den langen Zöpfen der Mädels im Stall macht er nicht halt. Es scheint wie eine Sucht zu sein.

Diese Maulorientiertheit beobachte ich verstärkt bei jungen männlichen Tieren, weniger bei Stuten. Vielleicht ist es Ausdruck von Verspieltheit, so wie sie sich ja auch gegenseitig zwicken, den Anderen mit den Zähnen am Mähnenkamm, manchmal sogar an der Lippe oder am Schweif festhalten oder sich in die Beine beißen. Möglicherweise ist es ein Ausdruck von Langeweile und Unterbeschäftigung. Ich denke, in manchen Fällen kann der Grund auch ein körperlicher Mangelzustand sein, z. B. ein Mineralstoffmangel.

Was auch immer der Grund für dieses Verhalten ist, auf jeden Fall ist es lästig, ärgerlich und manchmal auch teuer, wenn ein Pferd ständig alles ins Maul nimmt und zerbeißt. Sollte die Ursache ein Nähstoffmangel sein, kann der Tierarzt weiterhelfen.

Gerade junge Pferde brauchen Beschäftigung. Halte ich einen jungen Wallach oder Hengst in

Pferde, die ständig alles ins Maul nehmen müssen, können ganz schön nerven. Meist sind es Führstricke oder Zügel, auf denen sie dann mit Genuss herumkauen und dabei manchmal einen erheblichen Materialschaden verursachen. Gerade junge Hengste oder Wallache mit viel Spieltrieb neigen verstärkt zu diesem Verhalten.

einer Box in »Einzelhaft«, darf ich mich nicht wundern, wenn dieser sich allerhand Quatsch einfallen lässt.

Die oben beschriebene Maulorientiertheit ist sicher noch als harmlos zu bewerten. Ebenso kann es aber auch bei einem in der Herde lebenden Jungpferd vorkommen, wenn er keine geeigneten Spielkameraden zum Raufen hat.

Mein Freund Reinhold hat eine kleine Herde mit Araberstuten. Vor etwa einem Jahr erhielt er von Freunden einen zweijährigen Araberwallach, weil diese nicht mit dem Pferd klarkamen. Kurzerhand stellte er ihn in die Herde zu seinen Stuten. Das ging auch zunächst recht gut, bis Reinhold eines Tages eine seltsame Verletzung bei einer seiner Stuten feststellte. Sie hatte am hinteren Ende der Schwanzwirbelsäule eine hässliche, eitrige Wunde. Teile des Gewebes waren bereits schwarz verfärbt und auch die Schweifhaare waren schon ausgefallen. So was hatte er noch nicht gesehen und konnte sich auch zunächst nicht erklären, woher diese Verletzung stammen konnte. Er versorgte diese Wunde täglich, sie heilte aber nicht. Er sonderte seine Stute von der übrigen Herde ab und stelle sie vorübergehend in eine Box.

Kurz darauf musste er feststellen, dass eine andere Stute aus seiner Herde die gleiche Verletzung aufwies. Er konnte sich die Sache immer noch nicht erklären, bis er eines Tages zufällig beobachtete, wie sein inzwischen dreijährig gewordener Wallach eine Stute mit den Zähnen am Schweif festhielt. Dabei machte er natürlich auch nicht vor dem knöchernen Teil des Schweifes halt. So kam es immer wieder vor, dass das Pferd mit seinen Schneidezähnen kräftig in das Ende der Schwanzwirbelsäule zwickte. Vergegenwärtigen wir uns,

wie stark Pferde zubeißen können und welchen Schaden sie damit anrichten können. So war der Übeltäter entlarvt. Ihm fehlten einfach die richtigen Spielkameraden, mit denen er toben und rangeln konnte. Ältere Stuten sind dafür kein wirklicher Ersatz.

Es gehört zur gesunden Entwicklung, gerade von männlichen Jungpferden, dass sie sich mit Gleichaltrigen messen und ihrem Bewegungsbedürfnis nachkommen können.

Santos war ein fünfjähriger Haflingerwallach, der zu uns in Beritt kam. Er zeigte genau die gleichen Verhaltensweisen wie Amigo. Eigentlich war er ein ganz Netter, nur diese ständigen »Maulaktionen« störten erheblich. Sogar während des Reitens versuchte er, die Zügel mit dem Maul zu schnappen. Wenn diese mal zu viel durchhingen, erwischte er sie tatsächlich und hielt sie auch fest, was die Kommunikation mit ihm dann wesentlich erschwerte. Ebenso machte er es beim Führen und natürlich am Anbindeplatz mit dem Führstrick. Aber auch vor Kleidungsstücken machte er nicht halt. Was er erwischen konnte, sabbelte er an und versuchte es weich zu kauen.

Trainingslektion für Santos

Bei Santos ging ich folgendermaßen vor: Immer, wenn er wieder den Zügel oder das Seil mit dem Maul schnappen wollte, gab ich einen Warnton ab. Ich benutzte dazu einfach ein warnendes »Aa«. Unmittelbar danach zog ich ihm seine »Beute« mit einem scharfen Ruck aus dem Maul. Das war für ihn nicht sehr angenehm. Aber nur dadurch, dass einem Pferd unerwünschte Verhaltensweisen unangenehm gemacht werden, ist die Chance groß, dass es lernt, diese zu lassen.

131

Eine Möglichkeit, einem Pferd dieses unerwünschte Verhalten abzugewöhnen, ist ein ruckartiges Herausziehen des entsprechenden Gegenstandes aus dem Pferdemaul. Das kann für das Pferd recht unangenehm sein. Bevor ich aber zur Tat schreite, werde ich das Pferd immer erst verbal ermahnen und ihm so eine Chance bieten, sein Verhalten rechtzeitig einzustellen. Wende ich immer diese Kombination an, ist die Chance groß, dass es lernt, sein Unterfangen alleine auf die Ermahnung hin zu stoppen.

Wichtig ist die Verknüpfung zwischen Warnton und Einwirkung. Nur wenn diese in einem unmittelbar für das Pferd zu erkennenden Zusammenhang stehen, bringt das Pferd beide Dinge miteinander in Verbindung.

So lernte Santos sehr bald, dass Stricke und Seile zu fangen, unangenehme Konsequenzen hat. Wann immer er nur dazu ansetzte, nach Gegenständen zu schnappen, ertönte mein warnendes »Aa«. Immer öfter unterbrach er dann sofort sein Ansinnen, schaute mich mit (scheinbar) schuldbewusster Miene an, als wolle er sagen: »Ja, ich weiß.« Ganz süß

war er dabei. Da diese Verhaltensweisen oft etwas Zwanghaftes haben, dauert er meist schon eine Weile, bis ein Pferd sie abgelegt hat. Um zu verhindern, dass Santos sich an meiner Jacke zu schaffen machte, hielt ich ihn einfach auf Distanz. Passierte es doch einmal, kickte ich ihm meinen angewinkelten Ellbogen mit Nachdruck gegen die Backenmuskulatur. Sehr bald musste ich nur noch mit der Schulter zucken und das Kerlchen wusste Bescheid. Einem Pferd mit der Hand eine »Watsche« zu geben, halte ich für nicht sehr hilfreich. Die Pferde bekommen dadurch nur Angst vor der Hand oder werden kopfscheu. Das möchte ich auf keinen Fall.

Solch ein zerbissener und durchspeichelter Strick ist ein kleiner Schaden ... In anderen Fällen werden schon mal ganze Seile oder Zügel durchgebissen.

Noch ein Tipp gegen das Zerkauen von Stricken & Co.

Eine andere Maßnahme, um Pferden das Zerkauen von Gegenständen abzugewöhnen, ist das Bestreichen dieser mit übelriechenden oder unangenehm schmecken Mitteln. Tabasco oder Chilipfeffer zum Beispiel können hier gute Dienste tun. Probieren Sie es einfach aus. Damit können Sie dem Pferd nicht schaden, ihm aber durchaus sein Verhalten ganz schön unangenehm machen ...

Auch seifige Emulsionen, die man in jedem Haushalt findet, können hilfreich sein. Ob Duschgel, Haarshampoo oder Flüssigseife – an solchen Mitteln schleckt kein Pferd gerne herum. Reiben Sie Ihre Seile oder Zügel mit Shampoo & Co. ein, ist die Chance groß, sie in Zukunft vor unangenehmem Verbiss zu bewahren.

Eine andere Form, dem Pferd das Kauen an Gegenständen zu »versalzen«, ist das Bestreichen der Dinge mit unangenehm schmeckenden Substanzen. Da bieten sich scharfe Gewürze an, aber auch seifige Lösungen wie Duschgel, Flüssigseife oder Shampoo.

Bei ganz hartnäckigen »Strickzernagern« ist es sinnvoll, das Anbindeseil gegen eine Anbindekette auszutauschen. Diese Ketten sind meist mit einem Gummischlauch ummantelt und in verschiedenen Längen und Preisklassen im Reitsporthandel zu bekommen.

133

21

Mein Pferd weicht nicht zur Seite und manchmal drängt es mich an die Wand

21. Mein Pferd weicht nicht zur Seite und manchmal drängt es mich an die Wand

Problemvorstellung

Es gibt Pferde, die benehmen sich wie Büffel. Solch ein Exemplar kann einem ganz schön zusetzen, so auch Hektor. Hektor ist ein großrahmiger 12-jähriger Friesenwallach. Er gehört Anna, einer zierlichen jungen Studentin. Anna liebt Hektor, obwohl der Kerl es faustdick hinter den Ohren hat. Er nutzt seine Kraft rigoros aus und ist kein Gentleman, wenn es darum geht, für Anna etwas zu tun. Schon bei den einfachsten Anforderungen lässt er sie mitunter richtig »auflaufen«. Hier ein Beispiel: Anna möchte ihn draußen putzen und bindet ihn dazu am Putzplatz an. Sie bittet ihn, zur Seite zu treten, damit sie ihn auf der anderen Seite putzen kann, aber der Kerl rührt sich nicht von der Stelle.

Einmal hat sie versucht, ihn etwas beherzter und mit Nachdruck rumzuschieben, daraufhin hat Hektor sie einfach an die Wand gedrückt. Zum Glück ist ihr dabei nichts zugestoßen. Trotzdem eine üble Sache, die Anna ganz schön Angst macht.

Lösungsvorschlag

Weicht ein Pferd nicht zur Seite, wenn es vom Menschen dazu aufgefordert wird, ist ihm das entweder nicht beigebracht worden oder es verweigert sich aus Widersetzlichkeit.

Wie wir wissen, hat das Vor-einem-anderen-Weichen immer etwas mit Unterordnung zu tun. Widersetzt sich ein temperamentvolles Pferd dieser

Anfrage, tut es das meist durch Aktion. Es beginnt zu kicken oder den Menschen in einer anderen Weise zu attackieren. Das kaltblütigere Pferd lässt den Menschen eher »auflaufen«, kann aber bei stärkerer Nötigung durchaus auch aktiv werden. Das kann, wie bei Hektor, ein aktives Gegendrücken sein, was im Extremfall in einem An-die-Wand-Drücken des Menschen ausarten kann.

Egal, ob ein Pferd nicht weicht, weil es meine Anfrage nicht versteht oder weil es sich nicht unterordnen will, hier sollte Abhilfe geschaffen werden. Das kann ich durch ein gezieltes Sensibilisierungsprogramm. Das Pferd soll dabei lernen, auf leichte Einwirkung mit meiner Hand oder einem anderen Gegenstand zur Seite zu weichen. Dem Kontakt weichen, ist eine Sache, die nicht nur das ganz banale Miteinander im täglichen Umgang erleichtert. Es ist auch nötig, damit ein Pferd die reiterlichen Hilfen verstehen und anzunehmen lernt. Weichen lassen kann ich ein Pferd an unterschiedlichen Körperstellen und in unterschiedliche Richtungen. In unserem Fall geht es aber zunächst nur darum, das speziell angesprochene Problem von Anna zu lösen. Dazu muss Hektor lernen, zur Seite zu treten, wenn es dazu aufgefordert wird. Er darf keinesfalls gegen den Menschen gehen.

Training

Zum Trainieren dieser Lektion ist es sinnvoll, das Pferd mit einem Knotenhalfter und dem dicken Arbeitsseil auszustatten. Im Extremfall würde ich mich auch nicht davor scheuen, einen leicht gepolsterten Kappzaum zu verwenden.

So oder noch heftiger kann es aussehen, wenn ein Mensch von einem Pferd an die Wand gedrängt wird. Natürlich ist dieses Bild gestellt und lässt die nötige Dramatik vermissen, die entsteht, wenn ein Pferd sich tatsächlich so verhält.

Wichtig ist, dass ich das Pferd kontrollieren kann, wenn es sich nicht auf meine Aufforderungen zum Weichen einlassen will und stattdessen versucht, sich von mir loszureißen.

Es nicht sinnvoll, das Pferd beim Üben anzubinden. Sollte es wie im zuvor beschriebenen Fall versuchen, mich an die Wand zu drücken, hätte ich denkbar schlechte Bedingungen für eine erfolgreiche Korrektur. Es wäre gefährlich und würde mir zudem den nötigen Aktionsradius nehmen.

Das Pferd soll lernen, auf Druck meiner Hand oder meiner Finger nach links zur Seite zu weichen. Dazu stehe ich seitlich in Höhe seiner rechten Schulter. Mit der rechten Hand halte ich das Pferd am Seil, meine linke Hand wandert zu dessen Flanke. Ich nehme einen Finger meiner linken Hand und drücke diesen zunächst ganz leicht gegen die Flanke. Reagiert das Pferd nicht, verstärke ich den Druck etwas, bis es einen Schritt zur Seite macht. Sofort nehme ich den Druck weg, lobe das Pferd und streichle die Stelle, an der ich zuvor eingewirkt habe. Nach einer kleinen Pause wiederhole ich den Vorgang.

Dabei beginne ich wieder mit einer möglichst sanften Einwirkung und steigere diese so weit, bis das Pferd die entsprechende Reaktion zeigt. Verfahre

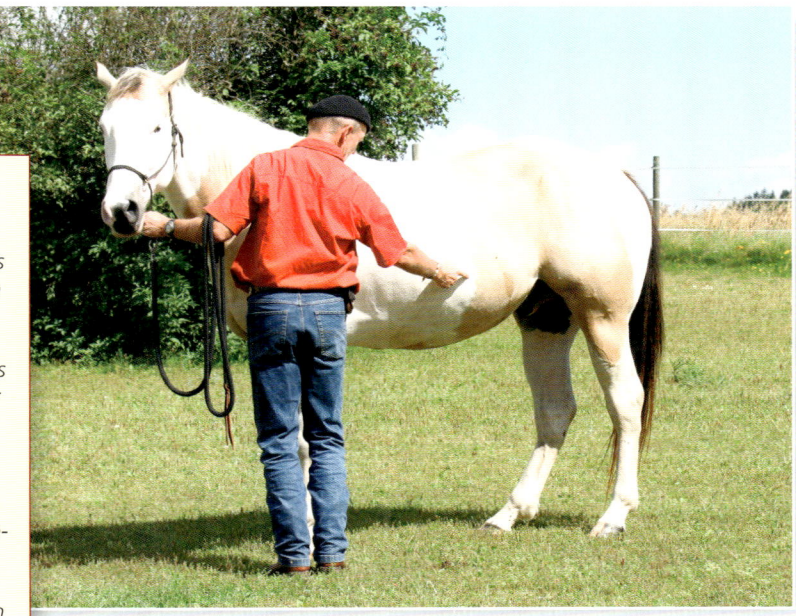

Stellt sich ein Pferd tatsächlich in solch einer Weise gegen den Menschen, ist es höchste Zeit, Abhilfe zu schaffen. Dazu muss das Pferd lernen, auf Anfrage des Menschen, willig zur Seite zu treten und nicht gegen den Druck anzugehen. Die geeignete Stelle hierfür liegt im hinteren Bereich der Mittelhand, etwa dort, wo wir auch unseren Schenkel einsetzen, wenn wir eine Vorhandwendung vom Pferd verlangen.

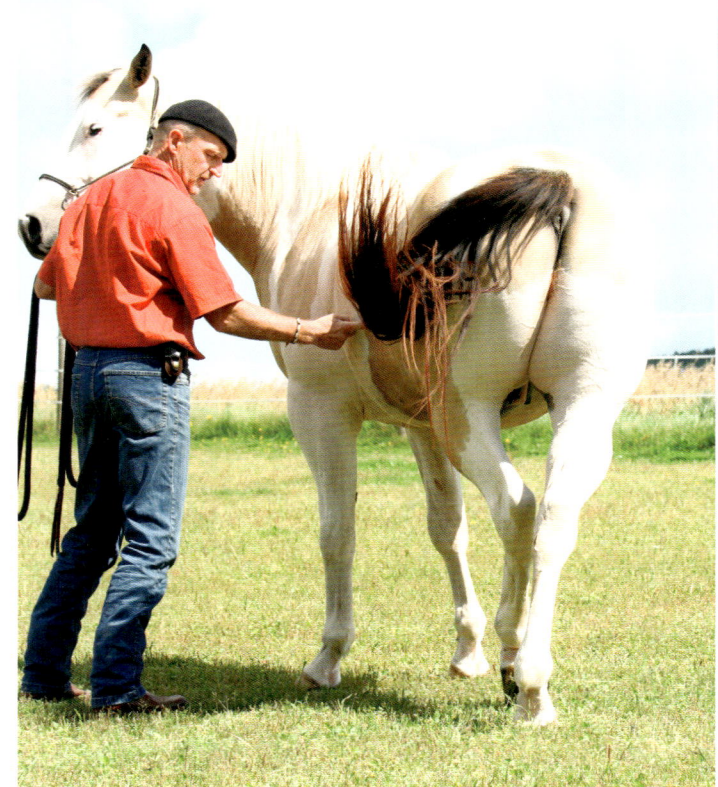

Dazu lege ich meinen Finger an die besagte Stelle und beginne damit, sanft zu drücken. Ich steigere den Druck so lange, bis das Pferd einen Schritt zur Seite macht. Sofort nehme ich den Finger weg und streichle das Pferd an dieser Stelle. Nach einer kleinen Pause, beginne ich wieder nach dem gleichen Muster. Auf diesem Bild ist sehr schön zu sehen, wie der Schecke willig, mit kreuzendem Hinterbein zur Seite weicht.

Ist ein Pferd sehr »druckresistent« und möchte auf den Druck meines Fingers nicht weichen, kann ich ein Hilfsmittel einsetzen, um meinem Ansinnen Nachdruck zu verleihen. Dazu bietet sich z. B. ein Sporen an. Mit ihm habe ich ein wesentlich höheres »Durchsetzungsvermögen«.

Eine andere Möglichkeit ist, eine Gerte zu verwenden. Dabei stehe ich am Kopf des Pferdes und halte es am Halfter. In der anderen Hand habe ich eine Gerte. Mit dieser beginne ich nun, das Pferd an besagter Stelle ganz leicht zu touchieren. Zunächst langsam und sanft bittend fordere ich das Pferd auf, seitlich zu weichen. Reagiert es nicht, werde ich auch hier meine Einwirkung zunehmend verstärken, bis die erwünschte Reaktion kommt. In dem Augenblick nehme ich die Einwirkung weg, streichle das Pferd, lasse es etwas Pause machen und beginne von Neuem.

ich stets in dieser Weise, wird mein Pferd bald lernen, auf feinste Anfragen zur Seite zu gehen.

Es ist hilfreich, wenn ich den Kopf des Pferdes dabei ein wenig zu mir hinziehe. Dadurch löst sich die Hinterhand besser und das Pferd kann leichter zur Seite treten. Auch hierzu ist es besser, wenn es

nicht angebunden ist, denn es könnte dadurch ein Stellen des Kopfes verhindert werden.

Diese Methode funktioniert bei den meisten Pferden. Hat allerdings ein Pferd gelernt, dass es den Anforderungen des Menschen nicht nachkommen muss und hatte es damit auch schon gewisse Erfolge, wird diese Vorgehensweise nicht

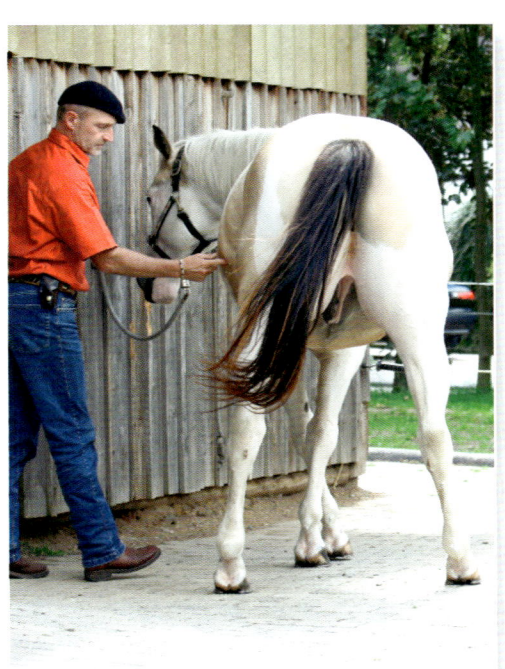

Zurück am Anbindeplatz zeigt der Schecke, was er gelernt hat. Willig und auf leichten Druck meines Fingers weicht er zur Seite.

Knotenhalfter und Arbeitsseil ausgerüstet. Nehmen wir wieder an, das Pferd soll zur linken Seite weichen. Ich stelle mich rechts neben den Kopf des Pferdes. In meiner rechten Hand halte ich den Strick, in meiner linken die Gerte. Nun beginne ich das Pferd durch sanftes Touchieren an der Flanke und ein freundliches Kommando dazu aufzufordern, nach links zu weichen. Zeigt das keinen Erfolg, wird das Touchieren etwas intensiver und mein Bitten nachdrücklicher. Komme ich auch hiermit nicht weiter, werde ich die Gerteneinwirkung zunehmend verstärken.

Wichtig ist, dass das Pferd auf jeden Fall zum Weichen kommt. Erreiche ich nicht das gewünschte Resultat, wird das Pferd in seiner Büffeligkeit zusätzlich bestärkt. Es lernt, dass es nur stur genug sein muss, um seinen Willen durchzusetzen.

Auch hier ist es wieder so, dass die Einwirkung sofort aufhören muss, sobald das Pferd sich auch nur ein kleines Stück zur Seite bewegt. Es wird gelobt, mit der Gerte gestreichelt und bekommt seine kleine Pause. Danach beginnt der Vorgang von neuem. Es ist wichtig, immer mit möglichst leichter Einwirkung zu beginnen und diese soweit zu steigern, bis die erwünschte Reaktion erfolgt. Nach ein paar erfolgreichen Vorgängen wird das Pferd auf feinste Anfragen weichen. Hat es gelernt, mit Hilfe der Gerte zu weichen, wird es das bald auch alleine auf die Einwirkung mit meiner Hand tun.

Geht Anna in dieser Weise bei Hektor vor, wird dieser sie keinesfalls mehr an die Wand drücken, sondern mit der Zeit willig zur Seite weichen, wenn sie ihn dazu auffordert. Außerdem wird er lernen, sie wesentlich besser zu respektieren.

ausreichend sein. Hier muss ich stärkere Geschütze auffahren. In diesem Fall ist es sinnvoll, mit Hilfsmitteln zu arbeiten. Ich kann z. B. einen Sporen einsetzen, ein kurzes Stöckchen oder sonst irgendeinen Gegenstand, der es mir möglich macht, meinen Reiz »auf den Punkt« zu bringen. Die Vorgehensweise ist dieselbe wie zuvor mit dem Finger. Mit Unterstützung solcher Hilfsmittel wird sich auch ein hartnäckiges Pferd überlegen, ob es nicht besser ist, dem Druck zu weichen als gegen ihn zu gehen.

Komme ich mit einem Pferd auch hiermit nicht weiter, werde ich versuchen, es mit Hilfe einer Gerte zum Weichen zu bewegen. Das Pferd ist mit

139

22

Mister Bean geht durch alle Zäune

22. Mister Bean geht durch alle Zäune

Problemvorstellung

Mister Bean war ein vierjähriger, sehr schöner dreifarbiger Pintowallach. Er gehörte Julia und stand bei uns in Pension. Er war eigentlich sehr angenehm im Umgang, hatte aber eine wirklich unangenehme Angewohnheit: Er ging durch alle Zäune. Sollte er alleine auf der Weide bleiben oder kam er innerhalb der Herde in Bedrängnis, durchbrach er einfach die Umzäunung. Es war ihm egal, ob der Zaun Strom führte und dass er aus drei breiten Zaunbändern gebaut war. Es kam immer wieder vor, dass er bei seinen Ausbrüchen den ganzen Zaun »niedermähte« und die gesamte Herde von zehn Pferden mit ihm ausbrach.

Das wurde uns zu gefährlich und wir waren uns einig: hier musste Abhilfe geschaffen werden. Mister Bean sollte lernen, den Zaun zu akzeptieren. Also starteten wir ein »Anti-Ausbrech-Training«. Dazu steckten wir ein kleineres Stück innerhalb einer größeren Koppel ab. Wir achteten darauf, wirklich gut leitendes Zaunmaterial zu verwenden. Es wurden drei Reihen Zaunbänder gespannt. Da sich die Weide in der Nähe unseres Hauses befand, konnten wir den Zaun mit Netzstrom speisen. Unsere Idee war es, ihm bei einem Ausbruchversuch einen so kräftigen Stromschlag zu verpassen, dass er jegliche weitere Versuche in Zukunft unterlassen würde. Mister Bean wurde dazu das Fell an Hals und Brust etwas nass gemacht.

So präpariert konnte das Training beginnen. Der Strom wurde eingeschaltet und Mister Bean alleine auf die kleine Weide entlassen. Die Chance war groß, dass er wieder einen Ausbruchversuch starten würde, denn er war nicht gerne alleine. Er schaute sich prüfend um, ging dann einige Male am Zaun auf und ab, als wolle er nachschauen, wo die beste Stelle zum Ausbrechen war. Dann marschierte er seelenruhig, wie ein Bergepanzer, einfach durch den Zaun. Der Strom machte ihm nichts aus.

Neuer Versuch – dieses Mal ging ich mit in die Weide hinein und hielt Mister Bean am Anbindeseil. Ich wollte versuchen, die Kontaktdauer von Pferd und Zaun zu verlängern, damit er auch wirklich den Strom spürte. »Nur wenn er einen kräftigen Stromschlag erhält, wird er lernen, vor dem Zaun zurückzuweichen«, dachte ich mir. So versuchte ich, ihn bewusst gegen den Zaun zu führen. Als er diesen berührte, erhielt er tatsächlich den »erhofften« Schlag. Anstatt erschrocken zurück zu weichen, sprang Mister Bean nach vorne, durchbrach erneut den Zaun und riss sich von mir los. Nicht nur das, voll Ärger nahm er den Zaun, der umliegenden Weide ins Visier, durchbrach auch diesen, obwohl der noch zusätzlich mit einer Holzstange gesichert war, und suchte das Weite. Weg war er. Wieder hatte er vollen Erfolg gehabt.

Ich wusste mir keinen Rat mehr. Einerseits mochte ich Mister Bean sehr gerne, eigentlich war er ein wirklich netter Kerl, andererseits konnte ich es mir nicht leisten, weiterhin das Risiko einzugehen, dass er Zäune zerstörte und mit ihm die ganze Herde ausbrach. Ich kam mit diesem Pferd nicht weiter und wir trennten uns schweren Herzens von ihm. Er fand ein neues zu Hause in einem Stall, der außerhalb liegt. Hier werden die Pferde in kleinen

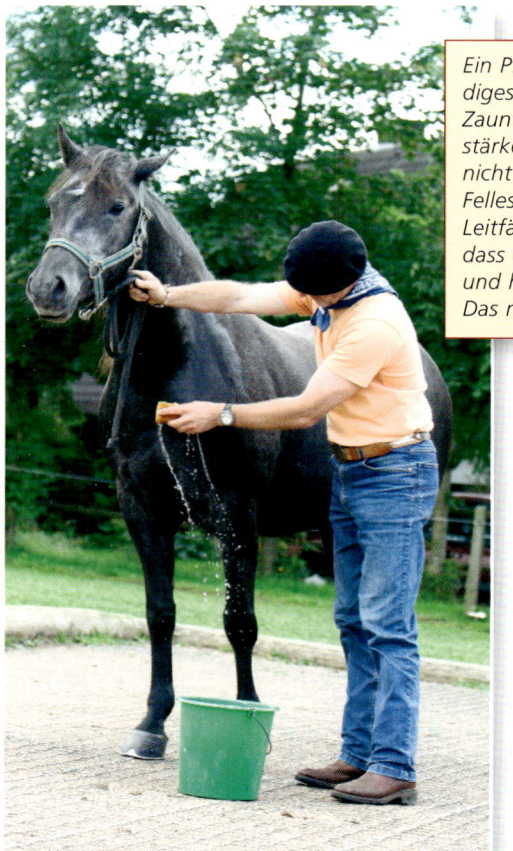

Ein Pferd, das durch Weidezäune bricht, ist ein ständiges Ärgernis. Ein Grund hierfür kann eine schlechte Zaunverbindung oder eine zu geringe Stromschlagstärke sein. Manche Pferde sind aber einfach auch nicht so empfindlich. Hier kann das Anfeuchten des Felles mit Wasser sehr hilfreich sein. Dadurch wird die Leitfähigkeit des Stromes erhöht, was zur Folge hat, dass das Pferd einen stärkeren Stromschlag erhält und hoffentlich in Zukunft Abstand zum Zaun hält. Das macht man natürlich nur in echten Notfällen.

Garten und das beste Gras außerhalb der eigenen Koppel. Das wissen vor allen Dingen die Ponys und Robustpferde mit ihren dicken Grasbäuchen sehr genau. Und wenn sie dann noch aus Gründen der Fettleibigkeit auf Magerweiden stehen, werden sie besonders erfinderisch. Oft entwickeln sie dabei akrobatische Fähigkeiten, wenn sie versuchen, unter dem Zaun hindurch an das verlockende Grün zu gelangen. Manchmal sieht man dann regelrechte zirzensische Lektionen wie z. B. das Kompliment oder auch das Knien. Und dann kann es vorkommen, dass die Pferde vor lauter Verfressenheit beinah zufällig unter dem Zaun durchschlüpfen. Gelingt ihnen das, haben sie etwas gelernt. Sie haben einen Weg zum besseren Futter gefunden …

Herdenverbänden gehalten und zur Not gibt es Boxen, in denen man auch mal einen Ausbrecher in »Sicherheitsverwahrung« nehmen kann. In diesem Stall lebt er noch heute und tatsächlich hat er hier seine Ausbruchversuche eingestellt.

Was bei den meisten Pferden funktioniert, kann bei Einzelnen daneben gehen. Hier musste ich aufgeben im Interesse der Sicherheit aller Pferde. Wo Mister Bean einfach mit stoischer Entschlusskraft durch die Zäune brach, vielleicht war es aber auch einfach eine Flucht nach vorne, entwickeln andere Pferde andere Vorgehensweisen. Wie es nun einmal ist: Die besten Kirschen wachsen in Nachbars

Wer einen entsprechend hohen und festen Holzzaun auf seinem Grundstück bauen darf, hat bei Ausbrechern sicher damit die besseren Karten. Diese hier gegebenen Ratschläge beziehen sich vor allem auf Zäune, die ausschließlich mit Elektroband gebaut werden.

Bei Pferden, die gelernt haben, sich unter dem Zaun hindurchzuzwängen, reicht es oft aus, die unterste Litze einfach ein Stück tiefer zu setzen. Natürlich muss der erste Weg der sein, zu prüfen,

Gibt das Futter innerhalb der Weide nicht mehr so viel her, bedienen sich manche Pferde gerne außerhalb des Zaunes. Dazu entwickeln sie mitunter akrobatische Fähigkeiten. Ganz erstaunlich, wie geschmeidig sie dabei sein können. Manchmal gelingt es ihnen dann, unter dem Zaun hindurchzugelangen. Und wenn sie einmal herausgefunden haben, dass sie auf diesem Weg nach draußen kommen, ist die Möglichkeit groß, dass sie davon öfter Gebrauch machen.

143

Abhilfe kann man dadurch schaffen, indem man die untere Litze des Zaunes tiefer setzt. Hilft das nicht, müssen andere Mittel her, denn ein ausbrechendes Pferd, das eventuell dabei noch den Zaun einreißt und zusätzlich anderen Weidegenossen zur Freiheit verhilft, kann gefährliche Situationen herbeiführen. Eine »Drahtantenne« am Halfter angebracht kann hier wichtige Erziehungsarbeit leisten.

ob der Zaun überhaupt Strom (bzw. ausreichend Strom) führt. Ist das gewährleistet und zeigt auch das Tiefersetzen der Litze keine Wirkung, wäre ein nächster Schritt, Mähne und Hals des Pferdes nass zu machen, damit der Strom besser leitet. Denn besonders bei Ponys mit sehr dicken Mähnen kann diese schon mal als Isolierung gegen einen Stromschlag wirken.

Reicht auch das Anfeuchten des Mähnenkammes nicht aus, kann ich als weitere Maßnahme dem Pferd eine »Antenne« verpassen. Ich mache diesen Vorschlag, damit Sie einen echten Ausbrecher stoppen können. Das ist sozusagen die letzte Möglichkeit, bevor einem Pferd eine »Haftstrafe« droht.

Dazu brauche ich ein normales Stallhalfter und einen etwa 150–200 cm langen stabilen, nicht zu dicken Draht. Diesen wickele ich mit einem Ende spiralförmig um das linke bzw. rechte Backenstück des Halfters. Dabei gehe ich jeweils von der Mitte des Genickstückes aus und arbeite mich an diesem nach unten. Das untere Ende des Drahtes befestige ich am unteren Backenring. Der Mittelteil des Drahtes ragt nun als eine etwas 60 cm lange Schlaufe vom Genickstück des Halfters aus nach oben. Diese Drahtschlaufe drücke ich am oberen Ende zusammen, sodass daraus zwei aneinander liegende Drähte werden. Drehe ich diese umeinander, entsteht eine stabile »Drahtantenne«. Versucht nun mein Ausbrecher, ausgestattet mit dem Antennenhalfter, den Kopf unter dem Zaun durchzustecken, wird die Antenne die Zaunlitze berüh-

ren und das Pferd erhält einen kräftigen und hoffentlich heilsamen Stromschlag. Um bei ganz hartnäckigen Fällen die Wirkung noch zu erhöhen, kann ich auch hier die Backen und das Genick des Pferdes etwas anfeuchten.

Vielleicht mag dieser Vorschlag dem Einen oder Anderen nicht gefallen und zu martialisch erscheinen. Aber denken Sie darüber nach, was passieren kann, wenn ein Pferd ausbricht. Um das Leben der Pferde und unter Umständen von Menschen zu schützen, sind auch die härtesten Maßnahmen gerechtfertigt. Ich möchte nicht dafür verantwortlich sein, dass mein Pferd einen Verkehrsunfall verursacht, dabei möglicherweise Menschen zu Schaden kommen oder sogar getötet werden. Solche Unfälle gehen in der Regel auch nicht ohne Verletzungen beim Pferd ab. Durchwühlte Äcker, stundenlanges Pferdeeinfangen, zerrissene Zäune und andere Flurschäden sind dagegen noch harmlos.

Sonderbare Vorliebe

Mein Schwiegervater besaß einmal ein Haflingerstutfohlen. Dieses nahm mit Vorliebe die Litze des Elektrozaunes ins Maul. Die dabei erhaltenen Stromschläge verursachten ihm sichtbare Wonne. Mit halb geschlossenen Augen und verklärtem Blick stand das Pferd dann da und genoss das prickelnde Gefühl im Maul. Ob Fohlen hier ein anderes Empfinden haben weiß ich nicht. Den Zaun machte das Fohlen jedenfalls dabei nie kaputt.

Peggy will die Straße nicht überqueren

23. Peggy will die Straße nicht überqueren.

Problemvorstellung

Elvira hat ein Problem mit ihrem Quarterhorse-Fohlen Peggy. Es möchte nicht über die Straße gehen. Peggy ist eineinhalb Jahre alt. Zwei Wochen vor ihrem ersten Geburtstag wurde sie am Hänger von ihrer Mutter abgesetzt. Elvira geht davon aus, dass bei dem Pferd durch das Absetzen am Hänger ein Trauma ausgelöst wurde. Sie hat das Pferd seit März. Ihre Koppel ist vier Gehminuten von ihrem Stall entfernt. Bis August hat sie es geschafft, Peggy von der Box bis zur Straße zu führen, aber keinen Schritt weiter. Die Stute verbringt den Tag mit einem weiteren Stutfohlen in einem 500 qm großen Auslauf.

Elvira ist äußerst besorgt um die Kleine und möchte das Problem lösen. Sie ist überzeugt davon, dass Peggy sie nicht »verkohlt«, sie macht ihrer Meinung nach einfach dicht. Wenn der Stress für sie überhandnimmt, schaut sie immer wieder zu ihrem Bauch.

Elvira hat bisher versucht, den Herdentrieb auszunutzen. Sie hat Peggy mit drei anderen Pferden aus dem Stall zur Weide mitgenommen. Keine Chance! Sie hat Leckerli eingesetzt. Keine Chance!

Sie hat dem Pferd eine Longe um die Hinterhand gelegt, um das Vorwärts zu unterstützen. Keine Chance!

1. Es ist wichtig, ein Pferd zunächst mit der Gerte vertraut zu machen, bevor man sie als Kommunikationsmittel einsetzt.

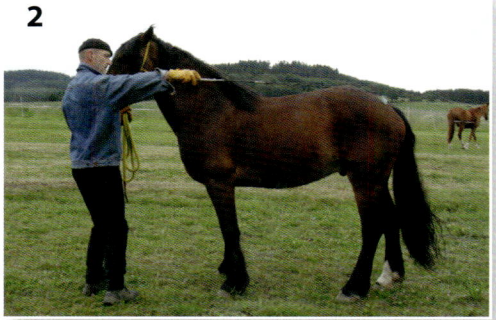

2. Zeigt das Pferd keine Berührungsängste, kann ich damit beginnen, es mit der Gerte nach dem Reiz-Reaktions-Prinzip am Schweifansatz zu touchieren. Dabei wirke ich anfangs »so wenig wie möglich« ein und steigere das bis zu »so viel wie nötig«.

Lösungsvorschlag 1

Ich glaube nicht, dass das Verhalten von Peggy auf ein Trauma, bedingt durch das Absetzen, zurückzuführen ist. Es gibt eigentlich keinen Grund, warum sie sich nicht diese paar Meter führen lassen sollte. Manchmal sagen Pferde auch einfach »Nein!« zu etwas, was man von ihnen verlangt. Und wenn sie dann Erfolg damit haben, praktizieren sie es wieder. Pferde lernen immer das, womit

3

3. Sobald das Pferd beginnt, sich auf mein Touchieren hin nach vorne zu bewegen, höre ich umgehend mit meiner Einwirkung auf – auch wenn es nur den Ansatz dazu macht. Das Pferd lernt dadurch, dass es den nervigen Touchier-Reiz durch einen Schritt nach vorn loswird.

4

4. Verweigert sich ein Pferd deutlich, bin ich leider dazu gezwungen, stärker einzuwirken, als ich das im Normalfall tue. Ich muss eine erwünschte Reaktion provozieren, denn wenn das Pferd mit seiner Verweigerungstaktik Erfolg hat, lernt es, dass es sich durch sein »Sturstellen« den Anforderungen des Menschen entziehen kann.

5

5. Endlich! Nach einiger Überzeugungsarbeit setzt sich mein Vierbeiner in Bewegung. Der etwas intensivere Einsatz hat sich gelohnt.

6

6. Das Pferd erhält nun augenblicklich seine Pause, wird intensiv gelobt und ausgiebig mit der Gerte gestreichelt. Mitarbeit soll sich für das Pferd lohnen.

sie Erfolg haben. Die Idee, den Herdentrieb auszunutzen und Peggy gemeinsam mit den anderen Pferden zur Weide zu bringen, ist sicher nicht schlecht. Dieses Vorgehen ersetzt zwar nicht ein gezieltes Führtraining, kann aber in bestimmten Fällen durchaus hilfreich sein.

Es mit Leckerli zu probieren, liegt nahe, ist aber keine wirkliche Lösung, denn solche »Arrangements« funktionieren oft gerade dann nicht, wenn man dringend auf die Mitarbeit des Pferdes angewiesen ist.

Eine Longe um die Hinterhand des Pferdes zu legen und so von hinten auf es einzuwirken, ist schon ein ganz guter Ansatz. Manche Ausbilder verwenden dabei ein so genanntes »Komm mit«. Das ist ein Seil, das so um die Hinterhand des Pferdes gelegt wird, dass es oberhalb der Sprunggelenke zu liegen kommt. Dieses Seil kann man an weiteren, etwas kürzeren Schnüren aufhängen, die wiederum über den Rücken des Pferdes reichen. So bleibt das Seil an Ort und Stelle und kann nicht herunterfallen.

Durch Zupfen an diesem Umlageseil kann man nun auf die Hinterhand des Pferdes einwirken. Damit fordert man es auf, diesem Druck von hinten zu weichen und sich nach vorne in Bewegung zu setzen. Sobald das Pferd auch nur einen Schritt nach vorne macht, sollte es ausgiebig gelobt werden. Dabei erhält es eine kleine Pause, wird gestreichelt oder geschubbert, um ihm damit seine richtige Verhaltensweise zu bestätigen.

Warum die geschilderten Maßnahmen von Elvira nicht geholfen haben, ist schwer zu beurteilen.

Lösungsvorschlag 2

Ich nehme Peggy ans Halfter. Bei mir habe ich eine lange Dressurgerte. Ich übe mit dem Pferd das Losgehen auf Antippen am Schweifansatz. Geht die Stute nicht, erhöhe ich den Touchierreiz immer mehr, bis sie antritt. Sofort nehme ich den Reiz weg und lobe sie ausgiebig. Nach einer kleinen Pause beginne ich von Neuem. Immer, wenn das Pferd auch nur einen Schritt vorgeht, höre ich sofort auf zu touchieren. Bewegt sich die Stute nicht, touchiere ich stärker. So lernt sie, nach dem Reiz-Reaktions-Prinzip dorthin zu gehen, wo ich sie haben möchte.

Absolut wichtig ist es, sofort den Reiz wegzunehmen, sobald das Pferd reagiert, und es ausführlich zu loben. Dadurch bekommt es augenblicklich Erfolg vermittelt, wenn es sich nach vorne in Bewegung setzt.

Verfahre ich nach diesem Prinzip, wird das Pferd bald willig mit mir kommen. Sollte es sich dennoch mal verweigern, brauche ich nur auf den Schweifansatz zu deuten und es setzt sich in Bewegung. Nötigenfalls kann ich aber auch wieder einen Schritt zurückgehen und kurzfristig noch einmal die Gerte einsetzen, sollte das Pferd sich auch auf das »Zeigezeichen« hin verweigern.

24

Der unerzogene Fridolin

24. Der unerzogene Fridolin

Problemvorstellung

Frau Weber hat seit ein paar Tagen den vier Jahre alten Polen-Wallach Fridolin zur Probe. Er ist unter dem Sattel lieb und fleißig, auch im Gelände geht er gut, hat aber bisher keinerlei Erziehung genossen: Er hält beim Putzen nicht still, beißt und schnappt, ihm fehlt es an Respekt und Vertrauen. An einem Tag geht es ganz gut, am nächsten gar nicht. Frau Weber ist mit dem Verhalten des Pferdes komplett überfordert. Bei seinen Vorbesitzern hat er nur mit Leckerli pariert. Frau Weber hat die Leckerli-Gabe mittlerweile komplett eingestellt, was allerdings schwerfällt. Sie ist mit dem Pferd an ihrer Grenze angelangt.

1. Lassen Sie sich nicht von Ihrem Pferd anrempeln oder bedrängen. Achten Sie darauf, dass es stets einen respektvollen Abstand zu Ihnen einhält. Hierbei geht es um Ihr Ansehen als Leittier.

1

Lösungsvorschlag

Wenn ein Pferd lieb und fleißig unter dem Sattel geht und das auch im Gelände, ist das ein großes Plus, das man nicht unterschätzen sollte. Erziehungsprobleme wie die beschriebenen kann man mit Konsequenz und klarer Vorgehensweise in den Griff bekommen.

Gerade junge männliche Pferde sind mitunter sehr »maulorientiert«. Dies hat in der Regel nichts mit Bösartigkeit, sondern mit Spieltrieb und Rangordnungsspielchen zu tun. Dennoch ist es natürlich lästig und manchmal auch schmerzhaft, wenn ein Pferd ständig versucht, alles mit dem Maul zu beknabbern oder nach Menschen zu schnappen.

Die Vorgehensweise des Vorbesitzers, dieses Problem mit der Gabe von Leckerli in den Griff zu bekommen, war keine gute Idee; es hat das Verhalten des Pferdes mit Sicherheit noch verschlimmert, denn es wird durch das Füttern von Leckerli geradezu herausgefordert, maulaktiv zu sein. Von dieser Seite betrachtet war es absolut richtig, die Leckerli-Gabe einzustellen.

Halten Sie das Pferd auf Distanz, dann wird es viel weniger versuchen, sich Ihnen mit dem Maul zu nähern. Diese Maulorientiertheit ist ein zwanghaftes Verhalten, die bei einem Pferd mit dem Problem des Polen-Wallachs immer sofort eintritt, wenn etwas in erreichbare Nähe kommt. Ob das nun ein Anbindeseil, Zügel oder Steigbügelriemen sind oder eben der Pulli des Menschen.

Legen Sie einen Individualabstand zwischen sich und Ihrem Pferd fest, und achten Sie darauf, dass dieser auch eingehalten wird. Das Pferd hat diesen

2.So sollte ein respektvolles Miteinander am Boden aussehen: Das Pferd akzeptiert den von seinem zweibeinigen »Leittier« vorgegebenen Individualabstand. Dabei folgt es sichtlich zufrieden und entspannt.

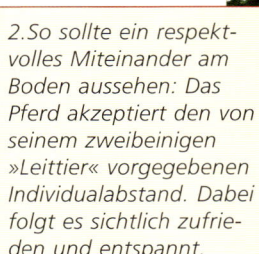

3. Trainieren Sie auch das »Parken« auf Distanz. Fordern Sie Ihren Vierbeiner durch ein deutliches »Steh« dazu auf und achten Sie darauf, dass diese Vorgabe auch eingehalten wird. Denn Distanzlosigkeit führt zu Respektlosigkeit.

4. Akzeptiert das Pferd Ihre Forderung, wird es mit einer Pause belohnt. Dabei nehme ich eine entspannte Körperhaltung ein. Sobald diese Vorgabe allerdings missachtet wird, werde ich aktiv, wenn nötig auch mit der Unterstützung eines Kontaktstockes.

Abstand nicht unaufgefordert zu durchbrechen. Wenn Sie etwas von Ihrem Pferd wollen, so ist es für Sie als Chef in Ordnung, diesen Abstand zu durchbrechen, aber nie umgekehrt.

Sie können Ihr Pferd aktiv auffordern, zu Ihnen zu kommen. Die Initiative muss allerdings immer von Ihnen ausgehen, niemals vom Pferd. Lassen Sie auf keinen Fall etwas anderes zu.

Steht es beim Putzen nicht still, ermahnen Sie es mit warnender Stimme. Reagiert es nicht, verleihen Sie dieser Warnung mit einem Pull am Halfter Nachdruck. Versucht es, beim Putzen nach Ihnen zu schnappen, halten Sie einen Gertenknauf oder ein kurzes Stöckchen in Richtung seiner Wange. Schnellt es nun mit dem Kopf herum, um Sie zu zwicken, stößt es sich am Gertenknauf und bestraft sich somit selbst. Je heftiger die Attacke ist, umso stärker fällt die Selbstbestrafung aus.

Ein Schlagen mit der Hand nach dem Pferdekopf führt nicht zum Erfolg. Das Pferd lernt, sofort nach dem Zwicken, den Kopf prophylaktisch in die Gegenrichtung zu nehmen und sich somit der Bestrafung zu entziehen, weil es die Erfahrung gemacht hat, dass nach dem Beißen die »Watschen« kommt. Wenn Sie so vorgehen, machen Sie Ihr Pferd nur kopfscheu.

Erfahrungsgemäß legt ein Pferd mit zunehmendem Alter dieses unerwünschte Verhalten immer mehr ab. Es ist eben das Vorrecht der Jugend zu »provozieren«.

25

Johnny bleibt nicht alleine

25. Johnny bleibt nicht alleine

Problemvorstellung

Jessica und ihre Schwester besitzen zwei junge Pferde, einen Wallach und eine Stute. Gerade mit Johnny, dem Wallach, haben sie große Probleme, denn er zeigt starke Verlustängste. Er bleibt nicht alleine. Immer wenn die Stute aus dem Stall genommen wird und er alleine zurückbleiben muss, regt er sich maßlos auf. Dabei gebärdet er sich nach Angaben der Besitzerinnen wie ein »Irrer«. Sie haben Angst, dass er den ganzen Stall zerlegt. Soll er alleine am Anbindeplatz stehen bleiben, zerrt er heftig am Seil und steigt sogar. Sobald er seine Stute wieder sieht, ist alles in Ordnung und er beruhigt sich augenblicklich.

Die Besitzerinnen möchten mit jedem Pferd einzeln arbeiten können und suchen nach einer Lösung für diese unbefriedigende Situation.

Lösungsvorschlag

Grundsätzlich gilt: Pferde sind Herdentiere und haben als solche meist eine starke soziale Bindung zu ihresgleichen. Das hat die Natur so vorgesehen, denn als Flucht- und Beutetiere würden sie leicht einem Raubtier zum Opfer fallen, wenn sie für sich alleine leben müssten. So ein Herdenverband ist eine Art Zweckgemeinschaft, in der jedes einzelne Tier seinen speziellen Platz hat. In dieser Gemeinschaft herrschen ausgeprägte hierarchische Strukturen, wir reden dabei auch von Rangordnung. In dieser Ordnung gibt es Regeln oder Gesetze, die strikt einzuhalten sind. Diese Regeln zeigen dem einzelnen Herdenmitglied Grenzen, die es akzep-

tieren muss, bieten ihm aber auch den Schutz der Sozialgemeinschaft Herde.

Pferde sind auch nach vielen tausend Jahren der Domestizierung Herden-, Flucht- und Beutetiere geblieben, daran hat auch der Mensch nichts geändert. Immer wieder kommen ihre natürlichen Verhaltensweisen durch und verursachen uns Menschen damit bisweilen erhebliche Probleme. Sie wollen weglaufen, wenn sie mit etwas vermeintlich Gefährlichem konfrontiert werden. Sie weigern sich, an Dingen vorbeizugehen, die ihnen Angst machen, und sie regen sich maßlos auf, wenn sie alleine bleiben sollen. Aber das ist ihre Natur. Wollen wir erfolgreich mit Pferden umgehen, müssen wir deren Natur Rechnung tragen.

So hat der Wallach in diesem Fallbeispiel recht, wenn er sich aufregt. Soll er alleine bleiben, bekommt er Stress. Ihm fehlt die Sicherheit der Herde, auch wenn diese nur aus einem einzigen weiteren Pferd besteht. Aber auch hier ist jedes Pferd anders: Das eine geht souverän mit solchen Herausforderungen um, das andere bringt sich fast um.

Dennoch, so hart es klingt: Johnny muss lernen, auch mal alleine zu bleiben. Es kann nicht sein, dass man bei der Nutzung eines Pferdes immer ein anderes dabeihaben muss, damit der Umgang einigermaßen möglich ist. Hier heißt es: Das Alleinebleiben muss geübt werden.

Für die Arbeit an diesem Problem benötige ich eine Hilfsperson. Beide Pferde werden mit einem Knotenhalfter sowie einem dicken, etwas längeren Arbeitsseil ausgestattet. Dieses »Outfit« hilft dabei, die Pferde besser kontrollieren zu können. In dem nun beginnenden Training ist durchaus damit zu

1. Noch ist alles friedlich. Johnnys Aufmerksamkeit ist jedoch nicht auf den Menschen, sondern auf die in der Nähe stehende Schwester gerichtet.

2. Durch Ansprechen ist es manchmal möglich, die Aufmerksamkeit wieder auf den Menschen zu lenken. Hier gelingt dies nur bedingt; man sieht es an der Ohrstellung des Pferdes. Das linke Ohr ist zur Seite auf den Menschen gerichtet, das rechte hingegen Richtung Stute. Man spricht von einer gespaltenen Aufmerksamkeit.

3. Nun droht die Stute, hinter dem Busch zu verschwinden. Gleich wird Johnny unruhig und will hinterher; seine Aufmerksamkeit gilt nur noch ihr. Den Menschen und seine Forderungen ignoriert er.

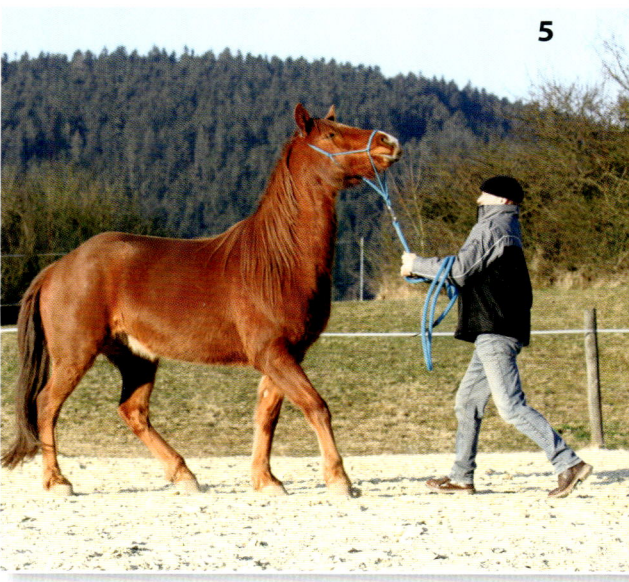

4. Ich bin auf Johnnys Versuch, sich zu entziehen, vorbereitet und halte meine Hand mit dem Arbeitsseil hoch. So kann ich bei Bedarf sofort reagieren.

5. Will er wegstürmen, erhält Johnny ein paar kräftige »Pulls« am Halfter. Dabei versucht er, der Maßregelung auszuweichen und reißt seinen Kopf nach oben.

6. In Verbindung mit diesem »Pull«, richte ich Johnny ein paar Schritte rückwärts. Benutze ich das Rückwärts wie hier als eine Sanktion, muss es mit entsprechendem »Nachdruck« geschehen.

7./8./9./10. Eine andere Möglichkeit der Sanktionierung ist, die Hinterhand des Pferdes ausweichen zu lassen. Dieses »Ausweichmanöver« soll schnell erfolgen, und das Signal dafür darf durchaus etwas aggressiver ausfallen. Dazu nehme ich das Pferd vorne am Halfter kurz und lasse das Ende des Arbeitsseiles propellerartig rotierend seitlich auf seiner Hinterhand aufklatschen. Konsequentes Handeln ist leider bisweilen »unschön«, wird aber vom Pferd durchaus richtig interpretiert. Lerne ich als Mensch nicht, mich in kritischen Situationen wirklich durchzusetzen, wird das Pferd mich nicht als Leittier akzeptieren. Und das dient weder Mensch noch Pferd.

11. Ist die Sanktionierung erfolgt, muss aber gleich wieder Ruhe einkehren. Zuvor wird das Pferd mit einem ermahnenden »Steh« noch einmal aufgefordert, seine Aufmerksamkeit beim Menschen zu lassen. Sollte es dies nicht tun, muss konsequenterweise die Sanktionierung sofort noch einmal erfolgen. So mache ich dem Pferd unerwünschtes Verhalten immer wieder neu unangenehm. Und nur so habe ich letztendlich die Chance, dass es dieses lässt.

rechnen, dass sich Johnny ganz schön aufregen und versuchen wird, sich durch Losreißen zu entziehen, um zu seiner Stute zu gelangen.

Ich wähle für das Training eine Stelle aus, an der ich genügend Platz habe, um mich auch mal mit dem Pferd »anlegen« zu können, ohne gleich mit irgendwelchen Gegenständen zu kollidieren. Der Helfer entfernt sich nun mit der Stute. Erwartungsgemäß macht Johnny Terror. Das Falscheste, was ich nun tun könnte, wäre beruhigend auf Johnny einzureden oder ihn wohlmöglich besänftigend am Hals zu klopfen. Das Pferd versteht meine Worte nicht, wohl aber den Klang meiner Stimme. Mein Gesäusel würde beim ihm wie Lob ankommen. Das wäre das falsche Signal.

In diesem Zustand starker Erregung und voller Verlustangst registriert das Pferd den Menschen nicht mehr, es achtet nicht auf ihn. Hier gilt es nun, Aufmerksamkeit vom Pferd zu fordern. Es kann sein, dass man dabei recht energisch vorgehen muss.

Stellen Sie sich seitlich neben den Kopf des Pferdes. Fassen Sie das Arbeitsseil mit beiden Händen und geben Sie einige rasche, ruckartige Pulls nach unten, die sich auf Genick und Nasenrücken des Pferdes auswirken. Ermahnen Sie es gleichzeitig mit einer kurzen und barschen verbalen Aufforderung wie »He, lass es« oder »Pass auf«. Wichtig ist, dass es »bedrohlich« klingt.

Gelingt es Ihnen, das Pferd dadurch in seiner »Hysterie« zu stoppen, nehmen Sie alles »Bedrohliche« weg. Loben Sie es begeistert, streicheln Sie es. Jetzt kann auch ein Leckerli nichts schaden. Sollte das Pferd erneut mit seinem Terror anfangen, beginnen Sie sofort wieder mit den Sanktionierungsmaßnahmen.

Eine andere Möglichkeit, Ihr Pferd in seinem »Wahnverhalten« zu unterbrechen, ist, dessen Hinterhand mithilfe des Seilendes oder mit einer Gerte um die Vorderhand zu schicken (Hinterhand ausweichen lassen). Da kann durchaus etwas heftiger zur Sache gehen. Wenn Ihr Pferd sein unerwünschtes Verhalten einstellt, muss es jedoch wieder sofort und ausgiebig gelobt werden. Sanktionierung oder Lob müssen jeweils unverzüglich erfolgen. Nur so kann das Pferd eine Verbindung mit seinem Verhalten herstellen.

Gelingt es, durch diese Vorgehensweise, Johnnys Aufmerksamkeit von der Stute weg auf den Menschen zu lenken, ist viel erreicht. Wenn man das regelmäßig trainiert, wird das Pferd lernen, immer mehr auf das »Leittier Mensch« zu achten und auch das Alleinebleiben mit der Zeit akzeptieren. Immer wenn ein Pferd Stress macht, gibt es nur die Möglichkeit, ihm die Sache mit noch mehr Stress unangenehm zu machen. Sobald das Pferd seine Aufmerksamkeit wieder auf den Menschen richtet, erhält es »Komfort« durch viel positive Zuwendung. Pferde mögen Komfort. Nach einiger Zeit ist die Wahrscheinlichkeit groß, dass das Pferd auch das Alleine-im-Stall-Zurückbleiben akzeptiert. Ich belohne das artige Verhalten mit einer Portion leckerem Kraftfutter, das lenkt ab und motiviert.

26

Mein Pferd
schlägt dauernd
mit dem Kopf

26. Mein Pferd schlägt dauernd mit dem Kopf

Problemvorstellung

Susannes Pferd schlägt neuerdings ständig mit dem Kopf: beim Anbinden, Putzen, Trensen und beim Spazierengehen. Beim Reiten zeigt er dieses Verhalten nicht.

Die Pferdebesitzerin weiß nicht, was ihr Pferd mit seinem Verhalten ausdrücken möchte. Sie fragt sich, ob es sich darüber freut, dass es etwas tun darf oder ob es eine neue Unart ist.

Schlägt ein Pferd dauernd mit dem Kopf, hält nicht still beim Putzen und zerrt auch noch am Führseil, ist das eine unangenehme Sache. Leicht kann es dabei passieren, dass man von dem schlagenden Pferdekopf getroffen wird, was mitunter sehr schmerzhaft sein kann. Hier wäre zunächst einmal zu überlegen, wann diese Untugend angefangen hat und ob es möglicherweise eine Verbindung zu irgendeiner Begebenheit gibt, evtl. einer Verletzung, einer Trennung oder Ähnlichem.

Die Pferdebesitzerin sagt, dass das Pferd dieses Verhalten beim Reiten nicht zeigt. Mich würde interessieren, wie das im Stall, auf der Weide oder im Auslauf aussieht. Sollte es immer nur dann mit dem Kopf schlagen, wenn es ein Halfter trägt, könnte das Verhalten auf ein zu enges oder vielleicht auch schadhaftes Halfter zurückzuführen sein.

Ich glaube nicht, dass das Verhalten des Pferdes Ausdruck einer freudige Erregung im Hinblick auf die bevorstehende Arbeit ist. Susannes Frage, ob das Pferd eine neue Unart entwickelt hat, lässt mich stutzig werden. Scheinbar hat das Pferd ja in der Vergangenheit schon irgendwelche Unarten entwickelt. Nun ist zunächst zu prüfen, warum ein Pferd Unarten entwickelt und ob man an den äußeren Umständen etwas ändern kann, damit sich diese Unarten abstellen lassen. Zeigt ein Pferd aber ein Verhalten, wie das beschriebene, liegt der Verdacht nahe, dass es sich um ein reines Unmutsgehabe handelt, welches man als solches nicht akzeptieren sollte. Eine Korrektur ist also dringend erforderlich.

Lösungsvorschlag

Verwenden Sie für das Training ein Knotenhalfter und ein dickeres, etwas längeres Arbeitsseil. Zeigt das Pferd nun die geschilderte Untugend, ermahnen Sie es mit einem kurzen, eindringlich ausgesprochenen »Warnton«, etwa einem »Na«, »He« oder »Lass es«. Gleichzeitig heben Sie dabei warnend den Zeigefinger der Hand, in der Sie das Führseil halten. Unmittelbar darauf geben Sie dem Pferd einen kurzen, aber sehr deutlichen Pull am Halfter. Stellt es daraufhin sein Verhalten nicht ein, geben Sie mehrere scharfe, kurze Impulse. Wann immer es nun sein Kopfschlagen einstellt, loben Sie es begeistert mit einem lang gezogenen »Braaaav«, »Feieiein« oder Ähnlichem.

Lassen Sie das Pferd danach in Ruhe. Sobald es das unerwünschte Verhalten wieder zeigt, verfahren Sie augenblicklich in gleicher Weise. Wichtig ist, dass Sie das akustische Warnsignal immer der tätlichen Einwirkung vorausschicken. So wird das Pferd bald lernen, dass auf das Warnsignal der unangenehme Pull kommt. Die Chance ist groß, dass es sein Missverhalten bald ganz lässt oder zumindest auf das Warnsignal hin einstellt.

161

1. Dieses Pferd signalisiert durch sein unwirsches Kopfschlagen, dass ihm gerade etwas nicht passt. Das ist nicht nur unschön, sondern kann auch unangenehme Folgen für den Menschen haben. – 2. Zeigt das Pferd dieses unerwünschtes Unmutsgehabe, wird es zunächst durch einen eindringlichen »Warnton« ermahnt. Dabei schaue ich das Pferd warnend an und unterstreiche meinen Blick mit einer körpersprachlichen Geste: Ich hebe die Hand, in der mein Führseil liegt. Mein Zeigefinger ist dabei nach oben gerichtet. – 3. Zeigt mein Pferd keine Reaktion auf die Ermahnung, kommt die Sanktion in Form eines oder gegebenenfalls auch mehrerer kräftiger »Pulls« am Halfter. Wichtig ist allerdings immer der vorherige Warnton. So bekommt das Pferd die Chance, zu reagieren, bevor der Impuls am Halfter kommt. – 4. Wann immer das Pferd sein Kopfschlagen einstellt, lobe ich es begeistert und unterstreiche das Lob zusätzlich durch eine körperlich angenehme Zuwendung wie z. B. ein Streicheln an der Stirn. Hier sieht man schließlich ein zufriedenes und entspanntes Pferd, das seinen Platz in der Hierarchie Mensch-Pferd gefunden hat.

27

Ich möchte, dass mein Pferd mich liebt

27. Ich möchte, dass mein Pferd mich liebt

Vor etwa einem halben Jahr hat sich Nora die 12-jährige Araberstute Sunita gekauft. Das Pferd steht mit einer älteren Araberdame zusammen, die an Arthrose und Ekzem leidet – in einem Offenstall mit Auslauf und täglichem Weidegang. Die Seniorin ist im Gegensatz zu Sunita sehr menschenbezogen und rangniedrig.

Sunita besitzt eine solide Grundausbildung und ist beim Reiten artig. Dennoch bereitet Nora das Verhalten ihres Pferdes Kopfzerbrechen. Im Umgang scheint sich das Pferd überhaupt nicht für Nora zu interessieren. Wenn sie der Stute beispielsweise nach dem Füttern das Halfter abstreift und sie in den Auslauf »entlässt«, wendet sich Sunita sofort von ihr ab und geht hinaus. Als Sunita zu Nora kam, stand sie nächtelang auf ihrem Auslauf und starrte in den Himmel.

Nora ist überzeugt davon, dass Sunita die Nähe zum Menschen ablehnt und sie daher nicht wirklich akzeptiert. Anfangs war das Putzen eine Tortur, da sie immer ungeduldig mit ihrem Kopf herumschlenkerte oder auf der Stelle trippelte. Wenn Nora heute mit ihr am Boden arbeitet, bessert sich das Verhalten der Stute. Wenn allerdings eine Übung ihr sinnlos erscheint oder sie langweilt, schlägt sie ärgerlich mit dem Kopf. Wird sie rückwärts gerichtet oder werden Respektübungen mit ihr durchgeführt, gehorcht sie gut. Gestreichelt werden mag sie nicht.

Nora hat das Gefühl, dass Sunita nicht in ihrer Nähe sein möchte. Da die Stute früher von Berufsreitern versorgt und geritten wurde, vermutet Nora, dass niemand zu dem Pferd je eine persönliche Bindung aufgebaut hat und sie immer nur zum Reiten aus der Box geholt wurde. Nora ist überzeugt:

Würde sie von Sunita als Ranghöhere gesehen, würde diese die Streicheleinheiten über sich ergehen lassen oder sie sogar genießen.

Lösungsvorschlag

Eine Anmerkung zu Beginn: Diesem Pferd muss man Zeit geben. Sie ist erst ein halbes Jahr bei ihrer neuen Besitzerin und hat davor ganz offensichtlich »besondere« Erfahrungen mit der Spezies Mensch gemacht.

Die Besitzerin erklärt, dass sich das Pferd beim Reiten ordentlich benimmt, dass es bei Respektübungen willig weicht und generell im Umgang am Boden sehr respektvoll dem Menschen gegenüber ist. Dieses Verhalten deutet allerdings sehr wohl darauf hin, dass sich Sunita dem Menschen gegenüber unterordnet und ihn als ranghöher akzeptiert. Würde sie das nicht tun, wäre ihr Verhalten anders; sie wäre wahrscheinlich unter dem Sattel eigenwillig oder sogar widersetzlich. Sie würde bei bestimmten Bodenarbeitsübungen nicht weichen und wäre auch im Umgang am Halfter nicht respektvoll.

Die Regeln in diesem Spiel um die Leitung heißen immer: Der, der den Anderen bewegt, ist der Chef. Der, der sich bewegen lässt, ordnet sich unter. Aus allen Beschreibungen von Nora geht hervor, dass es der Mensch ist, der das Pferd bewegt. Dabei ist das Pferd respektvoll und willig, setzt die Anweisungen um und lässt sich bewegen. Nora möchte, dass ihr Pferd die gestellten Aufgaben alle freudig bewältigt. Aus meiner Sicht ist das etwas viel verlangt. Jedes Pferd ist eine eigene Per-

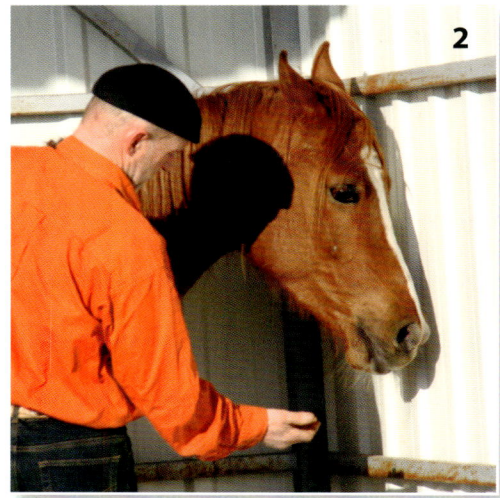

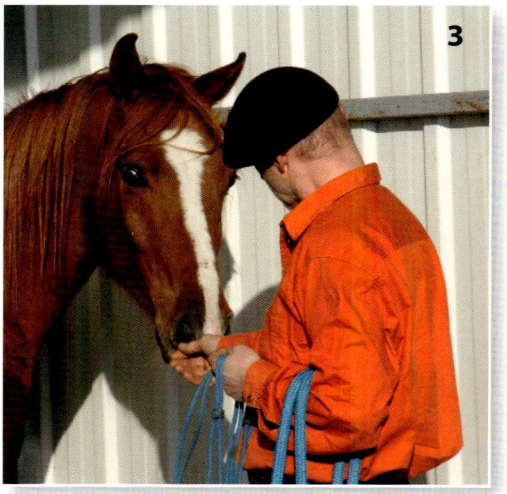

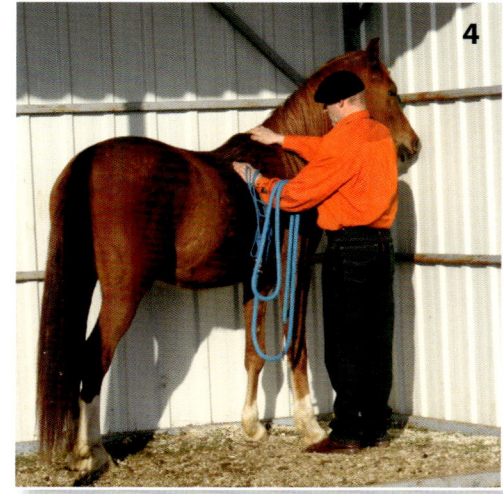

sönlichkeit und Pferde haben oft sehr unterschiedliche Charaktereigenschaften. Man sollte nie den Fehler machen, ein neues Pferd mit dem alten zu vergleichen. Es wird sich nicht genauso verhalten. Jedes Pferd ist anders.

Akzeptanz und Unterordnung heißen auch nicht automatisch Sympathie und Wohlwollen. Damit sich diese Dinge entwickeln können, braucht es

Zeit und viele gute Begegnungen miteinander. Oft stellen sich diese Dinge dann von alleine ein. Voraussetzen sollte man sie nicht.

Deswegen gilt in solch einem Fall: Geben Sie Ihrem Pferd Zeit und erwarten Sie nicht zu viel von ihm. Sympathie kann man nicht verordnen und schon gar nicht erzwingen.

1-4 Geben Sie dem Pferd Zeit und suchen Sie sanft den Kontakt. Eine gute Beziehung will wachsen – bedrängen Sie also das Pferd nicht zu sehr, wenn es anfangs Berührungen nicht so gern zulässt. Sympathie und Harmonie brauchen Zeit und viele gute Begegnungen damit sie entstehen können – insbesondere bei misstrauischen Pferden.

5-7 Dem Pferd freundlich begegnen, es sanft führen und ihm dadurch Sicherheit geben – ein gutes »Leittier« sein: Dieser Herausforderung müssen wir uns als Pferdebesitzer stellen. Dabei braucht ein verunsichertes Tier Anlehnung und Orientierung, ein »Provokateur« konsequentes und klares Handeln. Wichtig für jede Beziehung ist Berechenbarkeit und Verlässlichkeit.

Junghengst Goliath will's wissen

28. Junghengst Goliath will's wissen

Susanne ist Besitzerin des 13 Monate alten Warm-blut-Hengstes Goliath. Das Pferd steht in einer geräumigen Fensterbox und darf den ganzen Tag auf die Weide. Weidepartner ist ein 7-jähriger Wallach, ansonsten gibt es keine passenden Spielgefährten für ihn. Die Stallbesitzer haben zwei einjährige Stutfohlen.

Goliath ist im Umgang brav, lässt sich die Hufe machen, problemlos seine Fliegenmaske aufsetzen, steht am Putzplatz still, lässt sich überall berühren und putzen. Vor Plastikplanen fürchtet er sich nicht, geht durch Regenpfützen und auch das Hufeabspritzen klappt. Susanne ist stolz darauf, was das Pferd bereits gelernt hat, dennoch steht sie in der Kritik, da Goliath auch recht aufsässig sein kann. Ganz im Gegensatz zu den beiden Stutfohlen.

Beim Führen zur Koppel steigt er hin und wieder, legt die Ohren an, wenn er gefüttert wird, droht und zwickt gelegentlich. Anfangs hat ein »Nein« ausgereicht, um ihn zur Räson zu bringen; damit kommt Susanne heute nicht mehr weiter. Die Stallbesitzer haben für Goliaths Verhalten überhaupt kein Verständnis und bezeichnen dieses als abnormal und pathologisch.

Eine Erkrankung wurde aber durch einen Tierarzt ausgeschlossen, und Goliaths Verhalten stattdessen als typisches Hengstgehabe erklärt.

Susanne möchte dem Pferd vor allem das Steigen abgewöhnen.

Ich halte das Verhalten des Hengstjährlings für absolut normal. Es kann sich durchaus vom Verhalten der Jungstuten unterscheiden, die ein ganz anderes Spiel- und Präsentierverhalten haben.

Alle beschriebenen Verhaltensweisen von Goliath gehören zum ganz normalen Entwicklungsprozess eines Junghengstes und entsprechen den Spielen, die junge Hengste miteinander spielen. Hier geht es um Jungsgerangel und Grenzen-Austesten: So verhalten sich normalerweise Junghengste, wenn sie miteinander auf der Weide herumtollen.

Die Aufzuchtbedingungen sind für Goliath nicht optimal. Ein Junghengst sollte in eine Hengstherde, damit er seinen natürlichen Trieb ausleben kann. Nun versucht Goliath mangels entsprechender Spielkameraden, diese Spiele mit dem Menschen zu spielen, was nicht ganz ungefährlich ist. Versucht ein Junghengst, den Menschen in die Waden zu zwicken, ist dies ein Verhalten, was männliche Tiere bei Rangordnungsspiele zeigen. Dabei versuchen sie, sich gegenseitig in die Beine zu beißen, um den anderen »in die Knie zu zwingen«. Wer dabei zuerst runtergeht, hat verloren. Diese Kampfspiele haben ihren Sinn, sollen sie doch das Jungpferd auf das spätere Herden-Leben vorbereiten. Außerdem fördern sie dessen gesunde körperliche Entwicklung. Junghengste versuchen damit auch, ihre Grenzen ausloten und die Rangordnung zu klären.

Aggressives Verhalten beim Füttern kann eine Anfrage in Richtung Dominanz und Rangordnung sein, gehört doch das Futter zunächst mal generell dem Chef. Gelingt es dem Pferd, dem Menschen das Futter abzunötigen, ist dessen Führungsrolle in Frage gestellt.

Besonders unangenehm und natürlich auch gefährlich ist es, wenn ein Junghengst versucht, seine soziale Position dem Menschen gegenüber durch Steigen zu verbessern. Dennoch ist das keineswegs unnatürlich. Auch wäre es nicht richtig,

1-3. Das sind die Spiele der Junghengste, wenn sie miteinander auf der Weide herumtollen. Hier geht es um Jungsgerangel und Grenzen-Austesten. Es handelt sich um ein ganz normales Verhalten und gehört zum Entwicklungsprozess. Mit diesen Spielen »erkämpft« sich das Jungpferd seinen Platz in der Herdenhierarchie. Außerdem fördern sie dessen gesunde körperliche Entwicklung.

4-6 Auch dieser Junghengst will es wissen. Bei allem Verständnis für das Bedürfnis eines jungen Pferdes, seine Position zu finden: Steigen wider den Menschen ist tabu. Hier braucht es klare Maßnahmen, um dieses für den Menschen gefährliche Verhalten zu unterbinden.

das Pferd deshalb als böse zu bezeichnen. Dieses Verhalten gehört absolut ins natürliche Spielrepertoire von Junghengsten. Zeigt ein Pferd ein solches Verhalten aber gegenüber einem Menschen, und hat dieser nichts dagegenzusetzen, kann das Ganze schon mal ausarten. Wenn es einem Pferd gelingt, den Menschen durch Steigen einzuschüchtern, gibt sein Erfolg ihm recht, und die Wahrscheinlichkeit ist groß, dass es dieses Verhalten auch weiterhin praktizieren wird. Bei zunehmendem Erfolg wird das Dominanzverhalten des Pferdes dann immer stärker. Diesem Verhalten muss aus Sicherheitsgründen Einhalt geboten werden.

Lösungsvorschlag

Das Pferd wird mit einem Knotenhalfter und einem etwa vier Meter langen, dicken Arbeitsseil ausgestattet. Das hilft mir, das Pferd im Konfliktfall auf Distanz schicken zu könne. Außerdem kann ich es damit besser kontrollieren, wenn es versucht, sich mir zu entziehen. Im Bedarfsfall kann ich das Arbeitsseil propellerartig gegen das Pferd einsetzen.

Wenn das Pferd steigt, habe ich mit diesem »Handwerkszeug« die Möglichkeit, es in dem Moment, in dem sich seine Vorderbeine in der Luft befinden, durch mehrere kräftige, seitlich einwirkende Pulls zu sanktionieren. Je nachdrücklicher diese »Einwirkungen« ausfallen, umso eindrücklicher wirken sie. Dabei sollte man lieber mal »eine Bombe platzen lassen«, d.h. kurz, heftig und überfallartig aufs Pferd einwirken, als zu zaghaft zu sein. Nur dadurch erhält man wirklich den Respekt eines dominanten Pferdes.

Steiger werden, wie übrigens fast alle Problempferde, dazu gemacht. Das geschieht dadurch, dass der Mensch dem Pferd im falschen Augenblick, nämlich im Augenblick des Steigens, Erfolg gewährt. Pferde lernen nun einmal bekanntlich das, womit sie Erfolg haben.

Zeigt das Pferd schließlich Gehorsam, gibt man ihm eine kurze Denkpause, damit es Zeit hat, das gerade Erlebte zu verarbeiten und zu speichern. Danach geht man zur Tagesordnung über. Wann immer das Pferd kooperativ ist und sich auf den Menschen einlässt, gehen Sie freundlich mit ihm um. Zeigt es erneut sein Steigverhalten, sollten Sie schnell und entschlossen handeln.

Ich denke, dass Goliath durch eine solche Vorgehensweise ganz schnell das Steigen lassen und auch sonst sein Verhalten gegenüber dem Menschen immer mehr kultivieren wird.

Traberstute Lilly hat ihre eigene Vorstellung vom Leben

29. Traberstute Lilly hat ihre eigene Vorstellung vom Leben

Sabine kommt bei allem, was sie mit ihrer Traberstute Lilly übt, an einen Punkt, an dem es nicht weitergeht. Mal klappen die Dinge hervorragend, dann wieder reagiert Lilly total über und verfällt in einen hysterischen Aktionismus. Ein Beispiel: Fordert Sabine Lilly bei der Bodenarbeit auf, einen Schritt mit der Hinterhand herumzugehen, werden es gleich 180 Grad. Dabei regt sie sich furchtbar auf und zeigt ihren Unwillen deutlich, indem sie aggressiv mit dem Fuß aufstampft und nach ihrer Besitzerin schnappt.

Sobald Lilly dieses Verhalten zeigt, geht Sabine einen Schritt zurück, beginnt erneut, indem sie mit minimalem Druck auf die Stute einwirkt, und hört sofort auf, wenn das gewünschte Ergebnis kommt. Will sie dann noch einen zweiten Schritt von ihrem Pferd, geht das ganze Spiel von vorne los. Sabine fängt von vorne an, kommt aber so eigentlich nicht wirklich weiter. Ist Sabine zu ungeduldig?

Ich habe den Eindruck, dass Lilly ein sehr intelligentes, aber auch ein recht eigenwilliges Pferd ist. Vermutlich hat sie einmal gelernt, dass sie sich durch hysterisches Getue vor Dingen drücken kann, auf die sie gerade keine Lust hat.

Möchte ich, dass ein Pferd auf meine Anfrage hin einen Schritt mit der Hinterhand zur Seite tritt und es macht gleich eine volle 180-Grad-Wendung, könnte es natürlich sein, dass meine Einwirkung zu stark war und das Pferd deshalb überreagiert. Hier ist die logische Konsequenz, die Einwirkung zu reduzieren und es mit feineren Hilfen neu zu probieren. Zeigt das Pferd dann den erwünschten einen Schritt zur Seite, lobe ich es ausgiebig, streichle es mit der Gerte, gebe ihm eine Pause

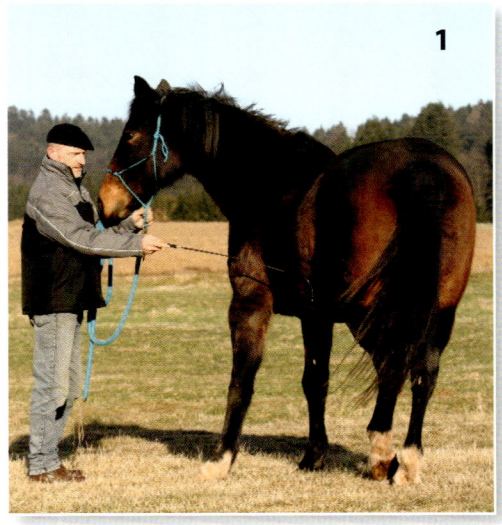
1

2

1. Geben Sie dem Pferd zunächst durch eine »feine Anfrage« die Chance, willig zu antworten. Das ist die Voraussetzung für eine harmonische Kommunikation.
2. Dieses Pferd zeigt eine schöne Vorhandwendung an der Hand, zu sehen ist dabei die deutlich kreuzende Hinterhand. Seine Aufmerksamkeit ist dabei voll auf den Menschen gerichtet.
3. Reagiert ein Pferd bei einer »feinen Anfrage« allerdings widersetzlich und unkooperativ oder gar aggressiv, darf man das nicht akzeptieren. Hier sollte man sich nicht scheuen, auch einmal »deutlich« zu sagen, wer der Chef ist, beispielsweise durch ein aggressives Rückwärtsschicken des Pferdes.
4. Ist eine Lektion gut gelungen, war das Pferd dabei kooperativ, zugänglich und freundlich, sollten wir jedoch auch mit Lob und freundlicher Zuwendung nicht geizen.
5. Streicheleinheiten oder Fellschubbern mögen Pferde besonders gerne. Das sind Zuwendungen, die sie auch aus ihrem eigenen Verhaltensrepertoire kennen.

3

4

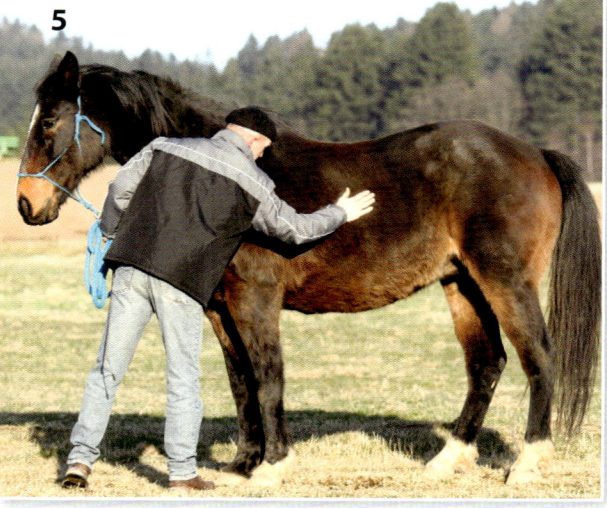

5

und vermittle ihm so mein Wohlwollen und meine Bestätigung. Nach einer kurzen Pause beginne ich erneut mit dieser Lektion, um das Ganze durch Übung zu festigen. So wird dieses von mir gewünschte Verhalten des Pferdes nach und nach zu einem festen Verhaltensmuster. Es lernt, auf meine Anfrage hin die Hinterhand zur Seite zu nehmen, und zwar nur soviel, wie ich es möchte.

Es ist wichtig, dass ein Pferd lernt, die von mir geforderten Wünsche leicht und willig umzusetzen. Genauso wichtig ist es aber auch, dass es nicht mehr tut, als von mir gefordert. Lasse ich dieses »Zuviel« zu, wird die Lektion nicht viel wert sein. Das Pferd führt die ihm aufgetragene Aufgabe zwar irgendwie aus, aber nicht nach meinen Vorgaben. Bestimmt das Pferd die Qualität und die Art einer Lektion, werde ich mit ihm nicht wirklich weiterkommen.

Bei Lilly scheint das aber noch etwas anders gelagert zu sein. Lilly möchte bestimmen, ob und wie sie die Dinge ausführt. Bisweilen ist sie zugänglich und lernt sehr schnell. Sie hat aber dabei immer den Hang, selbstentscheidend und vorwegnehmend zu reagieren. Soll sie Dinge tun, entscheidet sie, wie sie sie tut. Will sie Dinge nicht tun, wird sie böse, stampft eigensinnig mit dem Fuß auf und greift sogar den Menschen an.

Dieses Verhalten ist kein Beispiel von feiner Kooperationsgemeinschaft, sondern von Eigenwilligkeit. Lilly schreckt auch nicht davor zurück, den Menschen anzugreifen, wenn ihr etwas nicht in den Kram passt. Schiebt man dem nicht nachdrücklich einen Riegel vor, wird sich das nicht ändern. Nicht zuletzt ist dieses Verhalten auch eine Anfrage an die Leitungskompetenz des Menschen.

Um hier Abhilfe zu schaffen, würde ich folgendermaßen vorgehen: Wann immer Lilly dieses Verhalten zeigt, »antworte« ich augenblicklich und heftig darauf, indem ich sie mit einigen scharfen »Arrets« aggressiv rückwärtsrichte. Dabei liegt der Erfolg nicht in der Dauer der Einwirkung, sondern in der Heftigkeit und im Nachdruck. Eine Sanktionierung darf nicht wie eine Lektion beim Pferd ankommen, sonst hat sie keinen strafenden Charakter. Nur, indem man dem Pferd unerwünschtes Verhalten unangenehm macht, lernt es, dieses zu lassen. Dabei kann man durchaus auch die Stimme drohend mit einsetzen, etwa durch ein scharfes: »Lass es«. Hier darf die Stimme keinesfalls wie ein sanftes Säuseln, sondern muss eher wie ein Donnerhall beim Pferd ankommen; ansonsten ist ihre Wirkung in Frage gestellt.

Bei der Arbeit an einem solchen Problem, darf das Pferd keine Trense tragen. Es empfiehlt sich die Verwendung eines Knotenhalfters in Verbindung mit dem dicken Arbeitsseil. So hart diese Vorgehensweise erscheinen mag: Akzeptiere ich unerwünschtes Verhalten, wird sich bei der Arbeit mit meinem Pferd nichts ändern. Ich bekomme immer das vom Pferd, was ich zulasse.

Ist die Bestrafung erfolgt, muss sofort wieder »Friede« herrschen. Das Pferd bekommt eine kleine Denkpause. Anschließend fange ich erneut weich und ohne Emotionen damit an, meine Lektion fortzusetzen.

Konsequenz zu leben, ist manchmal unbequem. Sie ist für den härter, der sie anwenden muss, als für den, bei dem sie angewendet wird. Aber nur das eigene konsequente Verhalten entscheidet darüber, ob Dinge gelingen oder nicht.

174

Schlusswort

Sehr verehrte Leserinnen und Leser!

Vielleicht finden Sie sich mit Ihrem Pferd bei dem einen oder anderen geschilderten Fall wieder und können die Lösungsansätze nutzen, die ich hier gebe. Sollten Sie keine Probleme mit Ihrem Pferd haben, dann können Sie sich glücklich schätzen. Sicher konnte ich nicht alle möglichen Problemfälle, die im alltäglichen Umgang mit Pferden auftreten können, in diesem Buch behandeln. Ganz bestimmt gibt es auch für den einen oder anderen Problemfall noch weitere Lösungsideen. Das Leben mit den Pferden ist eine große Reise, eine unendliche Geschichte … Fertig wird man nie damit, es bleibt spannend. Jedes Pferd ist anders und jedes Pferd hat seine eigene individuelle Art, die uns mitunter sehr herausfordern kann.

Sehen wir das Leben mit Pferden als ein riesiges Lernfeld und eventuelle Probleme mit ihnen nicht als Krise, sondern als Chance. Oftmals werden wir persönlich von diesen Herausforderungen profitieren. Wir können daran arbeiten und an ihnen wachsen, indem wir sie lösen. Wichtig dabei ist, dass wir, bei welchem Problem auch immer, nicht von vorneherein das Pferd aburteilen und ihm die Schuld an schlechtem Verhalten geben. Meist sind die Gründe dafür von uns Menschen verursacht worden und die Lösung des Problems liegt vor allem bei uns.

Grundlage eines jeden Umgangs mit Pferden sollte die Achtung und der Respekt vor dem Geschöpf sein. Wir haben das große Vorrecht, uns mit Pferden beschäftigen zu können, ja oft sogar, ein solches zu besitzen. Das gibt uns aber nicht das Recht, das Pferd nach unserer Willkür auszunutzen, sondern beinhaltet viel mehr die Verpflichtung, uns darum zu kümmern, Verantwortung zu übernehmen und ihm unser Bestes zu geben.

Dazu gehören neben einer guten Versorgung, Unterbringung und medizinischen Betreuung auch eine gute Erziehung und Ausbildung. Nur das gibt dem Pferd eine reelle Chance für eine gute Daseinsgrundlage in dieser von uns Menschen dominierten Welt.
Mit einem schlecht erzogenen Pferd möchte keiner gerne umgehen, denn das ist gefährlich. Meist haben solche Pferde eine traurige Karriere, wandern durch verschiedene Hände und landen am Ende beim Metzger.

Eine gute Erziehungsarbeit und Ausbildung hingegen ist Lebenshilfe für Mensch und Pferd. Dem Partner Pferd das zu geben, was er braucht, um in Würde leben zu können, sollte selbstverständlich sein.
Die Achtung vor dem Schöpfer, der Himmel und Erde gemacht hat, spielt für mich dabei noch eine besondere Rolle.

So wünsche ich Ihnen viel Freude bei der Arbeit mit Ihrem Pferd, ein gutes Gelingen und immer mehr auch die Erfahrung einer freudigen Erregung, die manchmal dann entsteht, wenn eine Sache richtig gut wird. Sie gibt uns Motivation und den Wunsch, die Dinge immer noch besser zu machen.

Ihr
Peter Pfister

Für eine glückliche Partnerschaft mit Pferden